航母档案

档案

日本卷

张召忠 著

中信出版集团 | 北京

图书在版编目（CIP）数据

航母档案.日本卷/张召忠著.--北京：中信出
版社，2021.8
ISBN 978-7-5217-2932-0

Ⅰ.①航… Ⅱ.①张… Ⅲ.①航空母舰—发展史—日
本 Ⅳ.①E925.671

中国版本图书馆CIP数据核字（2021）第125183号

航母档案·日本卷

著　者：张召忠
出版发行：中信出版集团股份有限公司
　　　　　（北京市朝阳区惠新东街甲4号富盛大厦2座　邮编　100029）
承 印 者：北京诚信伟业印刷有限公司

开　本：880mm×1230mm　1/32　　印　张：12　　字　数：267千字
版　次：2021年8月第1版　　　　　印　次：2021年8月第1次印刷
书　号：ISBN 978-7-5217-2932-0
定　价：68.00元

目 录

自序 / V

开篇　　　日本航空母舰发展史 / 001

上篇

二战前
日本建造的航母

第一章　　凤翔号：
世界公认的第一艘航空母舰 / 009

第二章　　龙骧号：
一艘非常失败的航母 / 025

第三章　　赤城号：
《华盛顿海军条约》影响下的改装航母 / 043

中篇

二战中
日本建造的航母

第八章　　军舰改装的"航母预备舰"：
明修栈道，暗度陈仓 / 149

第九章　　民用船只改装的特设航母：
注定的败笔 / 169

第十章　　其他鹰系航母：
民用船只改装航母的罪与罚 / 195

第十一章　大凤号：
天下第一舰 / 215

第十二章　云龙级航母：
出师未捷身先死 / 229

下篇

二战后
日本建造的航母

第十七章　日本战败后航母发展概览 / 315

第十八章　战后的日向号与伊势号 / 327

第四章　加贺号：
　　　　从日本为二战航母招魂说起 / 061

第五章　苍龙号：
　　　　"战功赫赫"的专职航母 / 081

第六章　飞龙号：
　　　　插翅也难飞 / 099

第七章　翔鹤号、瑞鹤号：
　　　　命运沉浮的"双生子" / 115

第十三章　信浓号：
　　　　　被小潜艇干掉的倒霉鬼 / 243

第十四章　日本航空战列舰：
　　　　　不伦不类的边角"航母" / 257

第十五章　日本潜水航母：
　　　　　鸡肋一样的存在 / 275

第十六章　特殊的水上飞机母舰：
　　　　　理想很丰满，现实很骨感 / 297

第十九章　出云号的野望 / 349

结语　　　关于日本航母，我们不得不知的那些事儿 / 361

1942年2月19日，日本海军赤城号、加贺号、苍龙号、飞龙号四艘航空母舰编队，出动188架舰载机对澳大利亚达尔文市进行狂轰滥炸，史称"澳大利亚的珍珠港事件"。太平洋战争爆发后，日本军队除侵占中国外，已经完全占领了东南亚、西南太平洋和中太平洋岛国，如果澳大利亚失守，日本很可能占领整个太平洋，并把战火推进到美国本土。在这种情况下，日本海军要求大本营派遣日本陆军占领澳大利亚。日本陆军坚决反对，理由是已经无兵可派！为什么？因为中国战场牵制了日本绝大部分兵力。

历史都是由胜利者书写的。在西方人撰写的二战史料中，很少见到这样的描述，他们总是把中国从1931年以来的抗战历史一笔带过。实际上，中国军民为世界反法西斯战争的胜利做出了巨大的贡献和牺牲。如果不是中国军民牵制日本兵力，澳大利亚甚至美国本土都难以逃脱日本铁蹄的蹂躏。

西方史学家认为，世界上最早发展航母的国家是英国和美国。其实，世界上第一艘设计建造完工的航母是日本的凤翔号。在西方战史中，航空母舰最早进行的海战是在 1940 年 11 月 11 日，当时英国光辉号航母出动 21 架舰载机奇袭了意大利海军基地塔兰托。接下来便是 1941 年 12 月 7 日，日本赤城号、加贺号等 6 艘航母偷袭了美国海军基地珍珠港。历史事实是这样吗？其实早在 1937 年 8 月第二次淞沪会战时，日本龙骧号航空母舰舰载机就对中国广州、上海、杭州进行了空袭，除对地面目标进行打击外，还多次与中国空军进行了激烈的空战。

2017 年教育部发文，要求把第二次世界大战中中国抵抗日本侵略的全面战争从"八年抗战"改为"十四年抗战"。长期以来，一讲到二战历史，都是从 1939 年 9 月 1 日德国入侵波兰引发英法对德宣战开始，太平洋战争则是从 1941 年 12 月 7 日日本偷袭美国珍珠港开始。这次教育部要求改为"十四年抗战"，很显然是从 1931 年日本侵占中国东北的"九一八事变"算起的。由于以前受西方战史研究的舆论影响，很多历史性问题现在必须重新研究和确认，只有这样才能尊重历史，以正视听。

从 1984 年第一次登上澳大利亚墨尔本号航空母舰开始，几十年来我一直致力于世界航空母舰的研究，大部分研究成果汇集在 2011 年出版的《百年航母》这本书中。2015 年退休后，我开始研究日本侵华的历史，尤其是日本间谍在中国的破坏活动，2017 年开始专题研究太平洋战争中航空母舰的作战和使用。

从 1917 年到 1945 年中，日本开工建造的航空母舰总共 29 艘，到战败投降的时候还有 4 艘没有完工，实际交付使用的是 25 艘，这些航母基本上都被击沉或者严重受损无法使用。1941年12月偷袭珍珠港的时候，日本拥有10艘航母，而美国太平洋舰队仅有3艘。1942年瓜达尔卡纳尔战役中，美军只剩下一艘千疮百孔的企业号航母，约克城号航母已经在中途岛海战中沉没，大黄蜂号航母也已在圣克鲁兹海战中沉没。从1943年年终开始，美国进行战略大反攻。尼米兹上将从中太平洋方向，麦克阿瑟上将从西南太平洋方向，分进合击，对日本展开大围剿，逐渐缩小包围圈，把日军打回老家去，直到1945年8月15日日本投降。

日本是一个很小的岛国，四面环水，弹丸之地，何以在太平洋战争初期如此强悍？1942年6月中途岛海战之前的半年时间内，日本居然把美国、英国、法国、荷兰等列强全部从他们的殖民地赶跑，国际日期变更线以西的太平洋上，基本上没有任何国家的飞机能够起飞作战。这一切，都得益于日本明治天皇"开拓万里海疆，布国威于四方"的对外扩张战略，而航空母舰恰好是实现这个侵略扩张战略最好的工具和战略跳板。

日本发展航空母舰的策略主要有两个特点："亦正"，"亦邪"。20世纪初期，日本在航母发展方面偷师学艺，结果先行一步，拔得头筹，于1917年最早建造凤翔号航母。正当准备大干快上的时候，1922年美国、英国、法国、意大利、日本在华盛顿签署了《限制海军军备条约》（又称《华盛顿海军条约》)，主力舰总吨位和单舰吨位都有了明确限制，并建立了严格的核查机制。在这种情况下，日本建造了龙骧号、苍龙号、飞龙号这些"条约型"航母，吨位都不超过两万吨，同时用战列舰改装了赤城号、加贺号两艘排水量4万多吨的大型航母。

在条约有效期内，日本利用民用船只改装航母预备舰和潜艇支援舰，这些都是支援舰船，不是主力舰，不在条约限制范围。实际上，这些都是真正的航母，拥有全通式飞行甲板和机库，但为了躲避国际核查、掩人耳目，在上层甲板上用木板制作了很多临时性烟囱、吊车、救援装置等。条约到期后，快速拆除这些临时伪装，将其改装成航空母舰。用这种办法建造的航母有三艘：祥凤号、瑞凤号、龙凤号，满载排水量 1.3 万 ~1.6 万吨。

1936 年 12 月 31 日条约到期前几年，日本就蠢蠢欲动，为解约后的航母大发展做准备。《华盛顿海军条约》限制的是海军主力舰，并没有限制民用船只，所以日本政府大力支持商船队的发展。1932 年，日本政府推出了第一个鼓励民间造船的计划——"船舶改善助成制度"。政府投资帮助民营企业发展造船业，这个计划一共赞助了 48 艘民用船只的建造，总吨位 30 多万吨。

1936 年 12 月 31 日，《华盛顿海军条约》到期后，日本政府出台了第二个鼓励民间造船的计划——"优秀船舶建造助成制度"。这个项目一共资助了 11 艘船，总吨位 15 万吨，后来有 4 艘船被动员征召后改装为大鹰号、云鹰号、冲鹰号、海鹰号航空母舰。

1938 年，日本政府推出了第三个鼓励民间造船的计划，叫"大型优秀船舶建造助成制度"。政府赞助了两艘民用船只建造，这两艘民用船只还没完工就被日本海军征用，改装为隼鹰号和飞鹰号航母。今天我们常说的"平战结合""军民结合""寓军于民"等国防军工发展模式，其实日本在太平洋战争时就开始使用了。日本在发展大型航空母舰方面具有丰富的经验，《华盛顿海军条约》到期后曾建造了翔鹤号、瑞鹤号、大凤号这些排水量 3 万吨级的航空母舰，后来还用大和级战列舰 3 号舰改装了排水量 7 万吨级的信浓号航空母舰。

日本投降以后，1947 年制定了《日本国宪法》，其中第九条明文规定：日本不保持陆海空军及其他战争力量，不承认国家的交战权。日本宪法不允许保留军队，所以日本的防卫力量叫自卫队，可自卫队的军费为什么排世界第九位，有将近 48 亿美元？日本宪法规定不能保持海空军力量，日本却发展了 4 艘航空母舰。为了掩人耳目，日本挂羊头卖狗肉，把这些航空母舰统称为护卫舰。护卫舰排水量一般在 4000 吨以下，而出云号满载排水量则超过 2.7 万吨，世界上哪有这么大吨位的护卫舰？明修栈道、暗度陈仓，说一套、做一套，是日本的一贯做法。

1917 年，日本建造世界上第一艘航母凤翔号，首开航母历史先河。

1937 年，日本龙骧号航母舰载机空袭中国多个沿海城市，开启了世界航母作战历史。

2021 年，日本购买 105 架 F-35 战斗机，其中有 42 架 F-35B，出云号航母将携载这种新型隐身战机作战。日本又将开创历史，成为亚洲第一个拥有大量五代战机的国家，出云号也将成为亚洲第一艘携载五代战机的航空母舰。

我们总是讲"让历史告诉未来"，不了解历史怎么能够预见未来？作为军事专家，虽然在讲述中侃侃而谈、娓娓道来，但在研究问题的时候却始终保持一种严肃认真的态度。这本书中引述的所有时间、数据、战例等都是有据可查的，绝无任何戏说或演绎，大家可以放心阅读或引用。

感谢中信出版社商业家团队，他们在工作中认真负责、精益求精，不是对来稿进行简单的编辑加工，而是精心策划，按大纲重新排列组合。专业的人做专业的事，这种化腐朽为神奇的功力，为本书内容和装帧增添了不少风采。

2021 年 7 月 1 日

日本航空母舰发展史

　　日本发展航空母舰的历史相当早，1917 年日本就开始建造世界上最早的航空母舰凤翔号了。从 1917 年到 1945 年，日本先后建造了 29 艘航空母舰。这 29 艘航空母舰到了 1945 年二战结束的时候，还有 4 艘没有完工，实际完工的是 25 艘。二战结束时，这些航母大部分被击沉，或者已经严重受损无法修复，仅剩的几艘航母也因缺乏燃油和飞机无法再作战。

　　这些航空母舰中，有 10 艘是从头开始设计建造的，改装的占了15 艘，其中 5 艘是条约型航母。1922 年，五个海军强国为了限制海军军备，签署了《华盛顿海军条约》，规定美国、英国、法国、意大利、日本等国家的海军军备应当受到限制，多余的战舰必须拆毁或改造为其他战舰。因此日本就将赤城号、加贺号两艘战列舰改造成了两艘航空母舰。一开始，日本计划将天城号、赤城号两艘战列巡洋舰[1]改装成航母，因为这两艘战舰的航速比较快。但是1923年关东大地震将天城号震坏，日本海军只能终止改造，把原定要拆毁的加贺号战列舰改装成航空母舰。

这两艘航母的吨位都很大，为了节约条约规定的吨位，日本又建造了一艘轻型航母龙骧号，计划在实战中用一艘大型航母配一艘轻型航母。但在实际使用中，日本海军认为轻型航母的性能不能满足需求，于是又开始建造大型舰队航母，也就是苍龙号。这是日本海军第一次从零开始建造比较大型的航空母舰。在苍龙号的基础上，日本又设计了飞龙号航空母舰。这两艘航母同样受到《华盛顿海军条约》限制，因此很多设计还是不能让日本海军完全满意。

1936年12月31日，在《华盛顿海军条约》和后续的《伦敦海军条约》都到期之后，日本开始加大军备，发展它的正规航空母舰，在飞龙号的基础上设计了新的翔鹤级航空母舰。翔鹤级航空母舰建造了两艘——翔鹤号和瑞鹤号。因为不再受条约的限制，日本的航母设计师终于可以放开手脚大干一场，所以翔鹤级航空母舰的性能基本上达到了当时日本航空母舰的最高水准。

---

[1] 战列巡洋舰是一种拥有战列舰的大口径火炮，同时航速超过战列舰但装甲比较薄弱的战舰。虽然名字里带"巡洋"，但战列巡洋舰一般被认为是战列舰的变种。二战时期随着造船技术的进步，战列舰也可以拥有高航速，因此战列巡洋舰很快就被淘汰了。

硬核知识

　　军舰和其他武器装备不太一样，我们造一架飞机、一把枪通常不会单独起名字，只有一个型号，一个系列都是一个型号，但军舰每一艘都有自己的舰名。所以称呼军舰的时候，对某一艘军舰，我们称呼它的名字就可以了，但是对于一系列同一型号的军舰，一般是用这一系列的首舰，也就是第一艘军舰的名字来称呼。比如翔鹤、瑞鹤这两艘航母结构基本上是一样的，单独拿出来叫翔鹤号、瑞鹤号，但是翔鹤是先建成的，所以合在一起的时候就可以统称为翔鹤级航空母舰。

　　为了补充航空母舰的数量，日本海军在翔鹤级航空母舰之外还建造了大凤号航母。大凤号航母比较特殊，最初的设计思路是要将其部署在舰队前方，作为其他航母舰载机的中转站，因此需要配备厚重的装甲，机库的容量反而不太重要。虽然这个计划最后被放弃了，但是大凤号航母还是按照这个思路特别加强了船体和甲板的装甲。因为在实战中，飞行甲板一旦被炸毁，航母就等于废掉了。大凤号就是在这个思路下加厚了甲板，但是因为尺寸有限，其舰载机的数量也比翔鹤级航母少了一些。

　　翔鹤级航母和大凤号的造价都相当高，日本的经济实力和工业能力根本无法支持大量建造这样的航母。因此，日本决定批量建造一批造价低的航空母舰，也就是云龙级航母。云龙级航母基本上就是飞龙号的改进版本,比翔鹤级航母、大凤号小很多,造价也低很多。日本海军当时的计划是用类似大凤号的少数装甲航母,配合多数的云龙级航母。

中途岛海战中,日本损失惨重,赤城号、加贺号、苍龙号、飞龙号4艘主力航母全部被击沉。因此,日本海军立即修改了造舰计划,把之前建造超大和级战列舰、超甲巡①和超级航母的计划都取消了,增加了建造大批云龙级航母的计划。云龙级航母一共计划建造16艘,但二战结束时只建成了3艘。

除此之外,日本海军还停止了各种战列舰、巡洋舰的建造,把正在建造的大和级战列舰三号舰信浓号改造成了航母。大和级战列舰是当时世界上吨位最大的战舰,改造成的航母尺寸当然也非常巨大,满载排水量竟然超过7万吨。信浓号的防护能力远超当时的其他航母,但是载机量比较小。这么大的一艘航空母舰,在建造过程中为了躲避美军空袭进行转移,结果被潜艇发现给击沉了。除了信浓号,日本还把正在建造的伊吹号重巡洋舰也改装成了航母,但是到了二战战败时还没完工。

还有一种航母,虽然建造的时候不是航母,但是已经计划将来要改装成航母,这种叫航母预备舰。这样的航母日本一共建造了5艘,包括祥凤号、瑞凤号、龙凤号,以及中途岛海战后改造的千岁

---

① 超大和级战列舰是日本计划建造的一种重型战列舰,性能要超越当时最强大的大和级战列舰。超甲巡是日本计划建造的一种大型高速巡洋舰,性能要超越所有"甲型巡洋舰",即重巡洋舰。这两种战舰的建造计划最终都被取消了。

号、千代田号。这些航母都是用水上飞机母舰、高速补给舰、航母补给舰等辅助舰船改造的，这些辅助舰船在设计的时候就考虑到了将来可能要改造成航母，这也是规避军备条约限制的一种手段。当然，这样的航母在性能上不可能和那些大型的舰队航母相比，但上面的舰载机可是实打实的。

除了这些航母，日本还有一种"特设航母"，就是用民用船只改造的航母。这些航母的名字都带"鹰"字，有飞鹰号、隼鹰号、大鹰号、云鹰号、冲鹰号、海鹰号、神鹰号，一共7艘。其中6艘都是用日本的民用轮船改造的，日本军方在建造这些船只的时候为民间企业提供了资金，因此要求战时可以征用这些船只。神鹰号是这7艘航母中比较特别的，是由日本政府买下的一艘滞留在日本无法返回德国的邮轮改造的。这些航母虽然数量很多，但是性能都很差，特别是航速非常低，跟不上大舰队。飞鹰号和隼鹰号由于载机量比较大，因此在战争中也成了主力，其他几艘航母吨位很小，基本没什么战斗力，主要用于给前方的基地运输飞机、护卫运输船队等。

我们前面说的这些都是正规的航母，除了这些，日本还发展了一些特殊的航空战舰，包括航空巡洋舰、航空战列舰和潜水航母。最早，日本建造了利根级重巡洋舰，能搭载6架水上飞机，最上级航空巡洋舰经过改造能搭载11架水上飞机。1942年，日本海军又将两艘伊势级战列舰改装成了航空战列舰。伊势级航空战列舰能搭载22架飞机，不仅有侦察机，还有彗星轰炸机。不过，除了水上飞机能够回收，其他舰载机是不能回收的，只能降落在其他航母或者陆地机场，或者干脆被抛弃。由于日本飞机数量不足，在实战中这些战舰基本没有配齐过舰载机。

潜水航母比较特殊。实际上，所谓的潜水航母也是一种潜艇，即伊-400型潜艇，也叫潜特型潜艇，这类潜艇拥有比较突出的航空作战能力，能够在机库里搭载3架晴岚特别攻击机。日本海军计划用这种潜艇搭载攻击机空袭巴拿马运河，或者袭击美国本土。这种潜艇与其说像航母，不如说更像现代战列核潜艇的雏形。

二战结束后，日本被禁止拥有军队，航母的发展当然也彻底停止了，但是日本从未放弃追求航母。1954年，日本在组建自卫队时就提出要发展轻型航空母舰，但是美军和国内的反战人士一直反对自卫队发展航母，因此日本只能发展搭载直升机的驱逐舰。

直到21世纪，随着国际形势的转变，美国逐渐不再限制日本发展航母，日本很快就建造了伊势号、日向号两艘直升机航母，并在其基础上发展了更高级别的出云号、加贺号两艘直升机航母。事实上，这些航母经过一些改装，完全可以搭载F-35B舰载战斗机，实际上已经属于轻型航母了。很快，日本就宣布对出云号、加贺号两艘舰艇进行改装，并且从美国采购F-35B舰载战斗机，让这两艘直升机航母变成真正的航空母舰。

日本是世界上最早发展航空母舰的国家之一，曾经拥有世界上规模最大、实力最强的航母力量，但是这些航母都在战争中灰飞烟灭了。二战后日本从头开始发展，如今又拿出了自己的航空母舰。

在后续的章节中，我将以航母的建造时间为线索，为大家梳理日本各类航母的发展脉络与每艘航母的故事。

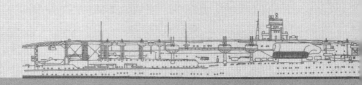

上篇

二战前
日本建造的航母

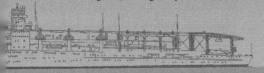

凤翔号:
世界公认的第一艘航空母舰

许多人认为世界上第一艘航母应该出自英国或美国,其实世界公认的第一艘航母凤翔号,是由日本建造的。

世界公认的第一艘航母凤翔号

背景知识

日本研发制造航空母舰从第一次世界大战就开始了，凤翔号被称为"世界上第一艘航母"。世界上最早发展航母的是英国，英国把大量商船改装成航空母舰。1903 年，莱特兄弟发明了飞机，飞机推广以后，美国就开始实验航母，但一开始对航母不十分重视。其实，美国航母一开始就搭载飞机，也进行了试飞，但后来却落后了。这也导致航空母舰在英国发展起来，而且发展得比较好。

偷师学艺？
凤翔号原来是这样建造出来的

日本意识到英国航空母舰发展得非常好，于是派人前往英国去学习技术。最早被派到英国的是一位海军少佐叫金子仰三，是一名海军飞行员，到英国主要学习航空技术。他在暴怒号航空母舰（英国一艘非常著名的早期改装型航空母舰）上看到飞机起飞和降落，就搜集了大量关于航母的资料，并给日本写回了研究报告和调研报告，建议日本也像英国那样发展航空母舰。

当时日本并没有航空母舰这个舰种，世界上也没有航空母舰这个舰种，所以金子仰三发的这个报告引起日本海军省的高度重视，联合舰队也很重视，于是几个部门当时就研究决定，要发展航母。1922 年《华盛顿海军条约》签署，这个条约限定日本航空母舰排水量不能超过 8.1 万吨，所以当时日本就考虑发展排水量 1 万吨以下的航母。在决定建造凤翔号时，最早确定的数据是：满载排水量 0.95 万吨、最高航速 25 节 ①，可携带 12~23 架飞机，主要是水上飞机。

1922 年，凤翔号航空母舰建造完成，比英国竞技神号早将近一年。在 1922 年日本完成凤翔号之时，虽然英国已经改装了 9 艘航母，但其自己设计和建造的竞技神号航母，由于各种情况完工晚了。不但晚了，还让日本偷师学艺、照猫画虎，结果日本后来居上。因此，日后书写世界航空母舰发展史的时候，往往把日本的凤翔号作为世界航空母舰发展史上的第一艘航母。

虽然凤翔号被公认为世界航空母舰发展史上的第一艘航母，但细究起来，日本是偷师学艺英国的，凤翔号是引进了英国航母的建造经验，并在此基础上采用了成熟技术集成的。当时，这艘航母的设计师也是雇用的英国设计师，还请了英国的退役将官传授飞机海上起降的经验。另外，日本还聘请了英国的退役飞行员帮助自己训练飞行员，英国还为日本提供了一些技术资料，所以在凤翔号的设计建造上，日本没什么太多原创的技术。

---

① 1 节 =1 海里 / 小时 =1.852 公里 / 小时

凤翔号航空母舰（1923 年）

性能参数	
满载排水量	0.9 万吨
全长	168 米
功率	3 万马力
最高航速	25 节
乘员	548 人
舰载机	
战斗机	10 式舰载战斗机 6 架
攻击机	十年式舰载雷击机 18 架
武装	
副炮	三年式 140 毫米口径舰炮 4 门
防空火力	三年式 80 毫米口径高射炮 2 门

聊胜于无？凤翔号的作用

凤翔号到底起到了什么作用呢？它是海军航空母舰的开拓者、日本的海上航母大学、日本舰载航空兵的摇篮，也是一个试验平台、一个海军航空母舰的训练基地，还是作战训练方面一个很重要的平台。另外，在后续航空母舰的建造方面，凤翔号也提供了大量的技术验证及技术创新，奠定了航母建造的很多基础。

下水仪式时的凤翔号

硬 核 知 识

    航母的雏形是水上飞机母舰。1914年第一次世界大战开始的时候，就有水上飞机了，日本在这一领域下手较早。日本有一艘舰艇——若宫丸号，被改装为水上飞机母舰。这种母舰将水上飞机携载到预定海域，从预定海域用起重机将水上飞机放到海面上，水上飞机在海平面上起飞，对当时德军的要塞，即德国强行租借的青岛胶州湾发起进攻。完成任务回来后，水上飞机在海面降落，再被起重机吊到母舰上来，然后母舰开走。大家可以想想，这样的操作是不是很复杂？用起重机来回吊飞机，海面风浪比较大的时候很难作业。

若宫丸号

修改设计？
凤翔号原来是这样组成的

全通式飞行甲板

凤翔号最初是按照水上飞机母舰的标准设计的，所以舰首有一段飞行甲板供战斗机起飞，舰尾是主载，主要搭载水上飞机。

在建造过程中，日本驻英国海军大佐山本英辅到英国的造船厂去考察参观，窃取了英国正在建造的竞技神号的相关资料，并以电报的形式发回日本。日本设计师一看这些资料，茅塞顿开。原来英国已经不考虑建造水上飞机母舰了，而是考虑建造可以供飞机起飞和降落的航空母舰了，即舰上配有机库，以及飞行甲板、升降机。于是，日本改变了凤翔号原来的设计，决定建造全通式飞行甲板航空母舰。

所以凤翔号设计的全通式飞行甲板长度为168米，舰首宽10米，舰中宽23米，舰尾宽14米，舰首和舰尾不一样宽。有意思的是，凤翔号的飞行甲板前面向海面倾斜5度，舰尾有一个25米长的斜坡，也是向海面倾斜的。

在甲板斜坡设计方面，凤翔号是第一个吃螃蟹的，虽然这种设计不算成功。当时人们的想法特别有意思，认为人在下坡时跑得快，因此认为前边的甲板向海面倾斜便于飞机起飞，但实际情况是飞机一滑就下去了。舰尾25米长的斜坡也是向海面倾斜的，可舰尾是用于飞机降落的，倾斜能便于降落吗？如今航空母舰飞机起飞都需要爬坡，而不是向海面下滑，所以后来在使用过程中，人们渐渐发现这种设计很不科学。

凤翔号的飞行甲板是用柚木建造的，这是一种非常坚硬的木材。甲板最上层用柚木，下层铺的是杉木。当时，航母飞行甲板铺的是木头，而现在用的都是耐火材料，比如钢材。

其他设计

舰桥

凤翔号的右舷前边有个小舰桥，舰桥前后都是大型起重机，主要用于收放水上飞机。后来慢慢地，这个小舰桥被取消了，起重机也被取消了。舰桥被挪到飞行甲板下面去了。

我们现在看到的英国伊丽莎白女王号，前后有两个舰桥，一个舰桥负责指挥航行，另外一个舰桥负责飞行管制。这种技术就像流行时尚，一会儿流行这个，一会儿流行那个，现在的航母又回归双舰桥、双舰岛的设计了。

阻拦索

凤翔号的阻拦索是从英国引进的。飞行甲板阻拦索最早是纵向的，从舰首开始，在距离舰首 30 米处往舰尾方向，每隔 15 米就放一道纵向的 12 毫米直径的钢索，一共放 60 根这种钢索。这种钢索距离飞行甲板的高度是 15 厘米，舰载机底部有一个着舰钩，在降落的时候，就用着舰钩钩住这些阻拦索。这个设计也不聪明，纵向阻拦索怎么能拦得住飞机呢？后来由于这种纵向索的事故率太高，所以就改成横向阻拦索，因此我们现在看到的都是横向阻拦索了。

机库

一开始，凤翔号上都是封闭的机库：前面的机库长 62 米、宽 10 米，能装 9 架飞机；后面的机库是双层的，可以装 12 架大型飞机，主要是水上飞机。

凤翔号当时前后还各配有两部升降机。因为前面是单层机库，后面是双层机库，不相通，所以飞机没办法随意移动，只能用升降机来调动飞机的位置。但后来大家发现升降机有自己的局限，因此后来的航母机库都改成了全通式机库。

飞机

1922 年，日本还无法完全靠自己生产飞机，所以引进的是英国的幼犬式战斗机。从1922年开始，三菱公司按照幼犬式战斗机的样式，开始建造三菱10式舰载战斗机，1924年开始研究13式舰载攻击机。1937年，舰载机就可以装20架了，其中96舰战（舰载战斗机）12架、96舰攻（舰载攻击机）8架。

太平洋战争期间日本航母上的飞机

烟囱

凤翔号的烟囱最早采用兰利号航母的烟囱设计方式，在右舷，舰桥后面有3个可以竖起和放倒的烟囱。这种设计一开始想得特别好，因为烟囱冒黑烟，对飞机的起飞和降落会有影响，所以飞行员在甲板作业的时候，把烟囱放倒，平常没事的时候再把它竖起来，也就是要做90度竖起和放倒的作业。用于烟囱作业的转动机钩有60吨重，60吨的一个大家伙来回放，刚开始试验还可以，但时间长了，舰上官兵都不愿意这么做了，因此后来这个设计也被取消了。在舰桥也被取消后，凤翔号的表面就一马平川了。

油槽

据 1936 年担任凤翔号舰长的草鹿龙之介回忆，最早在设计凤翔号时忘记设计航空燃油的油槽了。航空母舰上有很多油仓，有重油的、航空燃油的，以便为飞机和舰艇提供动力。但凤翔号的航空燃油没有油槽，舰载机执行任务时没有燃油，也没有办法携带汽油桶，所以凤翔号上到处都是汽油桶。这有很大的安全隐患，是十分危险的。因为汽油是挥发性的，所以凤翔号全舰禁止吸烟，同时进行火种管制，这都是由于一开始的设计缺陷导致的。

动力

凤翔号引进的是英国的蒸汽轮机，虽然英国在 18 世纪工业革命以后，蒸汽机就开始烧油了，但日本还在烧煤，用的是蒸汽锅炉。所以，凤翔号只装了 8 个锅炉，其中 4 个是烧重油的，4 个是烧煤或者油煤混合的。凤翔号的动力系统后来也进行了改进，慢慢都烧油了。

1935 年 9 月，日军在演习时，第四舰队驶入台风中心，结果造成凤翔号飞行甲板被压塌，舰桥受损，舰艇无法操作，因此看不见航路。当时，凤翔号的水兵只能站到前头指挥舰艇航行，这才使凤翔号逃离了风暴区。这一事件又被称为"第四舰队事件"，我们在后面会详细讲。

这次事件以后，凤翔号进行了一系列改装，增加了飞行甲板支柱的数量，加强了机库的舱壁，烟囱被改成固定式，飞行甲板也进行了改进。凤翔号还第一次放置了安全网，舰载机在无法实行降落的时候，可以直接撞到网上。

凤翔号航空母舰（1941 年）

性能参数	
满载排水量	1.06 万吨
全长	168 米
功率	3 万马力
最高航速	25 节
乘员	550 人
舰载机	
战斗机	96 式舰载战斗机 11 架
攻击机	96 式舰载攻击机 8 架
武装	
副炮	三年式 140 毫米口径舰炮 4 门
防空火力	93 式 13 毫米口径机枪 12 挺

硬核知识

这种安全网的设计原理是：飞机在撞到网上时，相当于鸟直接撞到网上，而放置的网就像我们打网球时中间的那个网。这种设计其实很实用，战争中飞行员如果受伤，在头晕脑涨的情况下没有办法控制飞机，就可以直接往网上撞，撞上去以后就降落了。

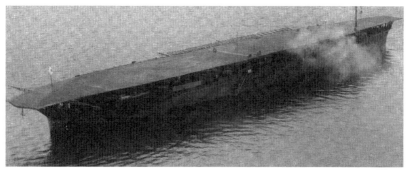

经过最终改装的凤翔号航母

寿终正寝？凤翔号的许多个第一次

凤翔号作为日本最早的航空母舰，参与了 1931 年以后的侵华战争，主要对中国沿海作战。二战开始以后，凤翔号主要担任训练舰，所以没有参加什么正式的战役。但是作为航母界的元老，它见证了日本航空母舰兴衰荣辱的全过程。

1938 年以后，凤翔号开始退居二线，因为随着其他航空母舰服役并在战争中发挥重要作用，它基本不参加一线作战，尤其是中途岛海战以后，战场上更没有它的身影了。

尽管如此，凤翔号还是创造了很多第一次。

最初，日本飞行员都不敢从航空母舰上起飞，所以日本只能到处招募飞行员，看谁能从航空母舰上第一个起飞和降落。最后，日本找到一位叫乔丹的英国人，他是三菱公司聘请的英国外援，也是一位退役的海军上尉，他们请乔丹进行了试飞并成功了。所以，乔丹是日本航空母舰上第一个起飞和降落的飞行员。乔丹试飞成功后，日本一位战斗机试飞员主动进行了多次起飞尝试，都很成功。试飞成功后，日本的飞行员就利用这艘航母进行大量训练，并将这种训练常态化。

侵华战争期间的凤翔号航母

当时，日本一个海军大将的年薪才 6000 日元，而这位第一个在航母上起飞和降落的飞行员获得了 15000 日元的年薪，可见日本是下了血本。

第一次淞沪会战时，日本的第一架战斗机是从航空母舰上起飞对中国进行空袭的。在这次会战中，凤翔号和加贺号组成第一航空战队，被编入当时的日本第三舰队，主要在上海、杭州掩护日军进攻。当时在上海周边地区和杭州周边地区，从航母上起飞的战斗机和中国空军多次遭遇，还参与了笕桥空战[①]。

---

① 在中国抗日战争过程中，笕桥上空发生过两次空战。第一次发生在 1932 年 2 月 26 日，史称"二二六"空战，这次空战为羽翼未丰的年轻中国空军向强大日本空军的第一次亮剑；第二次即为赫赫有名的"八一四"空战，此次空战发生于 1937 年 8 月 14 日。在这一天，笕桥上空进行了抗战全面爆发后中国空军对抗日本空军的第一场大规模空战，中国空军创造了辉煌战绩。

在飞往笕桥的途中，在龙华上空，日本空军还跟美国一个名叫罗伯特·肖特的波音公司试飞员遭遇。当时，肖特开着波音公司刚生产的波音218战斗机从上海飞往南京，机上载着弹药。遭遇以后，双方战斗了20分钟，日本飞机受损，肖特取得胜利。但两天之后肖特中了埋伏，遭到加贺号舰载机的伏击，在战斗中牺牲了。有关肖特的故事，我们在后面的章节会有详细叙述。

第二次淞沪会战凤翔号也参加了，它和加贺号组成第二航空战队，再次被编入在上海作战的日军第三舰队，其舰载机对上海、杭州的地面机场、隘口又进行了狂轰滥炸。在这次战斗中，日本的舰载战斗机跟中国的马丁战斗机展开了一系列空战，但作战时间很短，打了一个多月，也就是当年9月凤翔号就撤走了，回日本进行修整和补充补给。后来，凤翔号又重整旗鼓前往华南沿海支援日军侵略广州方向的作战。

在广州完成作战之后，凤翔号基本转入预备役状态，做训练舰。到凤翔号"晚年"的时候，日本曾经几次想用它。比如在1940年，凤翔号已经退役，但又被重新编入现役部队，和龙骧号组成第三航空战队，在中国战区作战，但是没起到什么作用，因为无法装载新式飞机，老式飞机又过时了。

1942年中途岛海战爆发，这是凤翔号最后一次参战，作为主力部队给战列舰进行空中护卫。当时，凤翔号上起飞了6架96舰攻，为战列舰进行空中掩护，也发挥了重要作用。当时，苍龙号、飞龙号、赤城号、加贺号4艘航母都被击沉了，凤翔号的舰载机在空中侦察时，发现飞龙号正在下沉，拍了好多照片；在飞龙号的舰员落水之后，给舰员们投放了一些救生器材，也救了一些人。另外，被打晕的好多日本军舰找不到方向，也不知道要往哪里走，凤翔号给它们导航带路。

中途岛海战之后，凤翔号基本上用于训练新飞行员，并进行一些后备军事支援活动。后来虽然进行了一系列改装，但是没起什么太大的作用，它毕竟太小也太老了，其舰艇技术都已经过时了。

1945年3月，日本广岛县吴港遭受空袭，凤翔号的飞行甲板被3枚50公斤重的炸弹击中，被炸出4个大洞，有6人丧生。由于当时它已经不是正式的航母了，因此上面没有舰载机，没有装燃油，也没有弹药。凤翔号中弹以后，虽然也引起了一些火灾，但是由于舰艇上没什么可以燃烧并造成爆炸的东西，所以也没有沉没。

舰艇沉没，包括航空母舰沉没，大多是因为二次爆炸。一艘舰艇被炸弹击中，炸弹其实是一个火种，引燃了舰上的油库、弹药库，造成二次爆炸。很多航母和舰艇都是被自己所带的燃油、弹药所炸沉的。

1945年四五月的时候，眼看要战败，日本跟苏联还有过交涉，想用凤翔号去换20架苏联战斗机进行垂死挣扎，但苏联觉得这个生意不划算。凤翔号太老旧了，于是就作为浮动的炮台停在吴港。1945年8月15日，日本投降，9月盟军正式接收吴港。在盟军接收的舰艇中，凤翔号还能够航行，于是被安排和鹿岛号巡洋舰一块，到马绍尔群岛、新几内亚岛，去接滞留在那里的日军残部和侨民。

凤翔号于1946年8月31日退役，退役后被送往大阪的造船厂解体。

日本第一艘航空母舰凤翔号得到了善终，始于凤翔，终于凤翔。

从 1922 年服役到 1946 年退役，世界上第一艘航空母舰凤翔号完成了自己的使命。

凤翔号航空母舰（最终）

性能参数	
满载排水量	1.05 万吨
全长	179 米
功率	3 万马力
最高航速	24 节
乘员	550 人
舰载机	
0 架（训练舰）	
武装	
防空火力	96 式 25 毫米口径机枪 6 挺

龙骧号：

一艘非常失败的航母

中途岛海战之后，日本主力航母惨遭失败，原本"跑龙套"的龙骧号被编入应急机动编队，一度成为日本航空母舰的主力，但最后仍避免不了被击沉的命运。那么，龙骧号的 20 年究竟是怎样的？

龙骧号

如果我们认真去研究日本军事的发展，会发现有一个很有意义的地方，就是现在讲的一些军事口号，如寓军于民、平战结合、军民结合，最早都是日本提出来的，而且日本在战争中也是这么做的，这些做法尤其体现在航空母舰的军民结合上，日本对此积累了大量的经验。而龙骧号就是这种战略的产物，也一度成为日本的主力舰。

凤翔号是日本第一艘航空母舰，因为没有特别显赫的作战经历，所以很多人对这艘航空母舰不太了解。跟凤翔号经历相似的还有一艘航空母舰——龙骧号。

只是跑龙套？
龙骧号到底经历了什么

龙骧号的建造时间也非常早，但比凤翔号稍晚一些，它们都属于轻型的小型航空母舰，排水量不到 1 万吨。这类航母受关注度比较低，大家更关注一些大型的航空母舰，如大凤号、信浓号、赤城号、加贺号等，对小型航空母舰不屑一顾。如戏曲中的龙套一样，龙骧号开始也属于配角，不承担主要的作战任务，主要职责是护航、反潜警戒，与侦察巡洋舰编队一起在前方侦察等。

在战列舰编队中，因为战列舰不具备强大的防空能力，所以龙骧号主要给战列舰队提供空中掩护和反潜警戒。在两栖登陆过程中，龙骧号能提供一些火力支援，还可以给船队护航。

1942年6月中途岛海战以后，龙骧号这类小型舰艇被编入了应急机动编队，成为主力舰。因为在这场海战中，赤城号、加贺号、苍龙号、飞龙号全都被击沉了，日本航空母舰数量锐减，主力舰基本全军覆没，不得不起用龙骧号、凤翔号。在舰队中，龙骧号主要负责防空和反潜任务。

1944年马里亚纳海战①之时，龙骧号这类轻型航母已经在主力舰内占了半壁江山。这次海战期间，小泽治三郎的第三舰队的9艘航母中就有4艘是轻型航母。不过，龙骧号并没有参与这次战役，因为它1942年在所罗门群岛作战时被击沉了。但不可否认，轻型航母在太平洋战争中发挥了一定的作用。

大小之争：龙骧号的由来

龙骧号的建造与《华盛顿海军条约》有莫大渊源。第一次世界大战结束以后，第二次世界大战爆发以前，这中间的20多年，美国、英国、法国、意大利和日本五国为休养生息，共同约定削减军费、改善

① 第二次世界大战中太平洋战场上美日海军间的一次海战，战场在马里亚纳群岛的塞班岛附近海域。这是迄今为止世界历史上规模最大的航空母舰对决，涉及24艘航母，部署了1350架基于航母的飞机。

民生。因此，它们在这种背景下签订了《华盛顿海军条约》，这个条约对日本很多航母都有影响，我们也会在书中不止一次提到它，大家需要特别注意。《华盛顿海军条约》对各国舰艇的总吨位、单舰吨位都进行了限制，唯一的例外是排水量1万吨以下的航空母舰没有被限制。因为当时航空母舰属于一种新兴的舰艇，大家还未意识到它能够成为一种主力战舰，对它也不太重视，所以它的级别是排在巡洋舰之后的。当时限制的舰种主要还是战列舰和巡洋舰，尤其是重巡洋舰，普遍排水量是两三万吨以上的。但日本在这方面认识较早，对舰艇技术有先知先觉的敏锐，他们决定钻空子，发展排水量1万吨以下的舰艇。龙骧号就在这样的背景下应运而生。

航行中的龙骧号

当时，日本在发展航空母舰的问题上，有过关于大航母好还是小航母好的争论。其实，这样的争论在航空母舰发展历史上一直都没有停止过，在美国也争论了很长时间。支持发展小航母的人认为，不能把鸡蛋放在一个篮子里，否则一损俱损，风险极大。当时日本认为发展排水量1万吨以下的小型、轻型航母不仅能分担风险，还可以规避《华盛顿海军条约》的限制，因此加速了对轻型、小型航母的研制。这是建造龙骧号的一个因素。

另外，日本在研究建造龙骧号之前，已经有了第一艘航空母舰——凤翔号，还有赤城号、加贺号两艘从战列舰改装而来的航空母舰，按一个舰队一大一小两艘航母的编排，还缺一艘航母，这也是建造龙骧号的因素之一。

0.8万吨位的航母？
龙骧号的设计与建造

龙骧号的设计师叫藤本喜久雄，号称"鬼才设计师"，是一个非常有想法的人。他曾多次出访英国进行考察，设计龙骧号的时候是海军造船大佐、设计主任。在龙骧号以后，他又设计了很多艘驱逐舰，逐步晋升为造船少将，相当于我们现在的专业技术中将，是一个很厉害的舰艇设计师。

尽管日本在凤翔号的设计、建造和服役过程中有了大量的前期技术积累与探索，并有一些成熟技术的集成，而且在战列舰的改装中，如天城号、赤城号、加贺号的改装中，都积累了很丰富的经验，但在建造龙骧号时，他们还是经验不足。因为1929年龙骧号开始设计时，恰逢《华盛顿海军条约》制裁，该条约对排水量1万吨以上的航空母舰进行限制，但对 1 万吨以下的航母没有特别的规定。所以日本不得不将龙骧号控制在 0.8 万吨位，0.8 万吨位如何设计一艘航母呢？

　　虽然航母建造吨位变小了，但是军令部却要求携载的舰载机数量不仅不能少，还要增加。原本排水量 1 万吨航母的舰载机的携载量是 24 架，现在排水量 0.8 万吨的龙骧号要增加到 36 架。虽然当时一架飞机也就两三吨重，与现在 30 多吨的飞机不可同日而语，但从数量上看，对龙骧号来说确实太多了。排水量 0.8 万吨的龙骧号能携载 36 架飞机，而我们现在排水量 0.8 万吨的驱逐舰大多也就能载两架直升机。日本当时的舰艇科技发达程度可见一斑。

建设中的龙骧号

舰体设计

藤本喜久雄在设计龙骧号的过程中,想尽办法提高飞机携载量,一般航母是一层机库,现在增加到两层。但机库增高之后,船体的稳定性降低了,这又顾此失彼地造成了新的问题。在对比各种方案后,龙骧号的整体舰体最终采取了巡洋舰的舰体设计,并取消了装甲。当时巡洋舰和战列舰一般都有大量的装甲,有些战列舰,比如俾斯麦号、大和号、武藏号,吨位在7万吨左右,装甲的重量占舰艇总吨位的三分之一,即两万多吨。

龙骧号排水量只有0.8万吨位,如果采取巡洋舰舰体并配装甲,就没法装飞机了。所以龙骧号仅在弹药库周围配备必要装甲,舰艇的其余部分都不要装甲,将空间和重量都尽可能用于携载飞机。

龙骧号舰艇的舰首还是往前倾,明显外飘,这样能够最大化利用舰艇的空间。舰体水面以上到飞行甲板高15米,离水面重心偏高太多,头重脚轻,上宽下窄。这导致它稳定性很差,航行起来晃晃悠悠,海浪稍大就可能会翻

龙骧号的舰首

沉，所以在有三级到四级海情的时候，龙骧号没办法执行飞行作业。

飞行甲板

龙骧号的飞行甲板长 159 米，前宽 17 米，后宽 15 米，中间像个大肚子，宽 23 米。特别有意思的是，飞行甲板中间的小木条以前都是纵向铺开，从龙骧号开始改成了横向铺开，配备两部升降机，设了六道阻拦索。

机库

按照军令部的要求，龙骧号机库应该容纳 36 架飞机，要留出战争时期紧急状态下的 12 架备用机。但龙骧号完成建造后，上下两层机库实际配备 24 架飞机，特殊情况下可以加 8 架备用机，一共可容纳 32 架。

龙骧号舰尾部分采取开放式设计，舰艇内部的通道、两边的小艇都被安排在舷外，岛形上层建筑的舰桥被取消，就放在飞行甲板下面，这样视野比较开阔，便于操控舰艇，但弊端在于不太利于飞行控制。当时日本造船业日益萧条，日本海军省军令部为了保持民间造船能力，决定将这艘航母交由民间造船厂负责建造，海军横须贺造船厂负责舾装①，让两边都有钱赚，对民间造船厂起到了一定的扶植作用。龙骧号是日

---

① 舾装是船舶制造工艺的一种。船只的主体结构完成以后，即可从造船平台下水，在靠岸的状态下完成锚、桅杆等部件，以及船体结构以外的其他装备和设施的安装。

本第一艘从设计、建造、铺设龙骨就以航母标准来打造的航空母舰，它于 1929 年开始建造，1931 年建造完毕下水，之后就在横须贺造船厂舾装，1933 年开始服役。

屡次改装：龙骧号逃不掉的宿命

龙骧号服役试航的时候，排水量为 1.17 万吨，长 180 米，宽 20 米，航速高达 29 节。1934 年，龙骧号服役不满一年时间，就发生了非常著名的 "友鹤号事件"。友鹤号是一艘 533 吨的水雷艇（根据海军相关规定，600 吨以下叫艇，600 吨以上叫舰），航速 30 节，当时日本军方从作战角度考虑，要求友鹤号上尽量多装武器，就造成了舰体头重脚轻，重心不稳。1934 年 3 月 11 日夜间，友鹤号在海上训练，当晚风浪比较大，浪高 4 米，伴有阵雨，因为舰体摇晃，友鹤号的无线电台掉到地板上摔坏了，无法通信，舰长尝试用灯光信号求救，依然没有成功。不到一小时，友鹤号就跟外界失去了联系。第二天，日本官方派飞机和舰艇出海四处寻找，发现它已经倾覆了。友鹤号舰艇沉没时，仅服役半个月。

倾覆的友鹤号被拖回佐世保解体，电焊机将舰体割开后，发现 72 人死在舱内，28 人失踪。事故调查委员会经调查发现，藤本喜久雄是这艘舰艇的设计师，应承担这次事故的主要责任。[①] 为了汲取 "友

[①] 藤本喜久雄原本是非常有前途的设计师，因为 "友鹤号事件" 压力太大，抑郁成疾，不久就突发脑溢血死亡，年仅 47 岁。

鹤号事件"的教训，龙骧号被送返船厂维修。

刚竣工时的友鹤号

这次事故之后，日本全军开展了大检查，停止了所有的演习，停止舰艇出航，各舰在港口自查自纠，排除事故隐患。

因为龙骧号也是藤本喜久雄设计的，所以成了这次检查中被重点关注的对象。1934年5月，刚服役一年的龙骧号不得不返厂维修。由于藤本喜久雄生前才华出众，树大招风，惹来了不少像平贺让这样同行的嫉妒，藤本喜久雄死后，他设计的舰艇被列为重点检查对象。龙骧号被其他设计师说得一无是处，进行了大修，仅在船厂改装就用了三个月。

这次改装主要是将水线船体向外进行扩张、突出。这种操作好比楼房不结实，就在外边加一层钢筋进行加固，舰艇也一样，等于在龙骧号外边又砌了一层外墙，舷侧加了一个隔舱，里面装重油，增加了550吨的压舱重量。这在理论上是可行的，因为加了压舱重量以后底下的舱室再灌上油，550吨重量就相当于在舰艇下压了底盘。汽车底盘太高容易飘，稳定性较差，二者的原理是一样的，所以加压舱重量对舰艇的稳定性是有好处的。

另外，舱室内还加了一项技术，就是重油舱，随着燃油的消耗，海水要不断地补充进来。这项技术至关重要，因为油舱燃油消耗一大半后，油舱下边就空了，容易导致舰艇头重脚轻，补充海水能增加它的稳定性。

其他方面，如飞行甲板、机库、升降机、烟囱，全都被改了一遍，等于刚服役一年就进行了一次大改装。

1934 年改装完成后，龙骧号就出海了。到 1935 年，整个日本海军在经过将近一年的全军事故大检查后，该检查的舰艇都检查了，该修复的也都修好了，处于非常好的状态。

1934 年拍摄的龙骧号，当时尚保持单侧 3 门双联装 5 寸高射炮配置

于是，日本在本州岛北部的青森县举行了一次秋季大演习，也叫"红蓝对抗"或"青红对抗"。演习中红军扮演美国军队，蓝军（也叫青军）代表日本军队。扮演美军的第四舰队在前往集结区域的过程中碰到了台风。这场台风风速为每秒40~50米，浪高25~35米。龙骧号不幸进入台风风力最强的区域，大浪像一座山般压下来，上千吨的大浪对舰艇造成很大的冲击。

　　之后，一个舰队全被卷入了台风中，10多艘舰艇进入台风风力最强的区域，其中有一艘叫睦月号的驱逐舰直接被大浪压扁，航海长当场死亡。龙骧号在大浪的冲击下，飞行甲板被砸塌了，舰尾的机库因为是开放式的，涌入了大量海水。好在龙骧号航速比较慢，采取了一些应急处置措施，没有沉没。

　　另一艘驱逐舰初雪号遭遇了一个大三角浪，这个浪的长度和驱逐舰差不多，初雪号被巨浪抬到几十米高，两端被抬起，中间悬空，再往下跌落，那么巨大的舰艇整个断裂了，舰首大约有两个舱室连人带船体都没了。初雪号失去平衡后，来回打转，舰长下令让大家赶紧把鱼雷之类的炮弹以及重的东西都往海里扔，以减轻舰艇的重量，提高浮力。之后，舰长紧急发出灯光信号求救，这才得救。几个小时后，大家发现海面上初雪号的舰首还在那里漂着，为了防止舰艇技术泄露，就让别的舰艇发射炮弹将它击沉了。此外，还有一艘叫夕雾号的驱逐舰，跟初雪号一样，舰首也被切断了。在这次事件中，日本的9艘驱逐舰受损，龙骧号的飞行甲板也被拧成了麻花。这次事件也被称为"第四舰队事件"。

　　无独有偶，不光日本犯过将舰队带入台风区的错误，美国也未能幸免。美国著名的五星海军上将小威廉·弗雷德里克·哈尔西，以其坏脾气出名，也曾多次误把舰队带入台风区，造成巨大损失。1944年12月，他把一个舰队带到台风区里，3艘驱逐舰在台风中沉没。1954年9月，日本一艘汽车渡轮在海上遭遇台风，海水倒涌进来以后渡轮沉没，当时渡轮上有1151个人，992人遇难。由此可见，台风对舰队的损害是不容小觑的。

经过"第四舰队事件"之后，龙骧号又进行了改装，这次改装的目的主要是提高它的强度，提高耐波性。这时日本的航母设计已经趋近现在，如DDG-1000朱姆沃尔特号一样，把舰桥改成了垂直设计。

硬 核 知 识

朱姆沃尔特号服役之后，很多网友包括美国的一些专家都表示它的设计太差了，到处都是直上直下的，其他舰艇都是外飘设计，它却是内倾设计，还有好多地方用圆弧过渡。很多人认为这种设计会让舰艇更容易沉没。但我认为正好相反，它的设计是不容易沉没的，因为这种设计能化解大浪。而初雪号那样外飘的设计使舰艇被一个大浪高高捧起再重重地摔下，把舰首给绞没了。朱姆沃尔特号的设计不会这样，再大的浪它都能劈开，把浪的力量分散。龙卷风只有力量凝聚起来才能形成，所以我经常说人类应该专门设计一种可以打龙卷风的导弹，这种导弹就在龙卷风的中心爆炸，把龙卷风的力量分散了，也就化解了灾难。

所以，"第四舰队事件"之后，改建后的龙骧号还是有可取之处的，比如采取圆弧过渡，舰桥改为垂直设计。另外，它在舷外增加了一层钢板，提高了舰首的干舷[①]，前甲板加装了一个防浪板，主要起到冲浪和破浪的作用，飞行甲板前面也不再是方形，而是改成了圆弧形，也是为了破浪。在长度上，飞行甲板缩短了 21 米。因为龙骧号在设计之初，基础船体比较小，可外飘很大。就像盖楼，开发商拿一点地，希望多盖些房子，结果一楼建得很小，越往上盖楼的两边越大，形成一个巨大的外飘，一刮风就容易被吹倒。所以为了安全起见，龙骧号的长度缩短了 21 米。经过了半年的大幅度改装，龙骧号的吨位增加到了 1 万吨，满载排水量为 1.36 万吨。

龙骧号参加的战役

1932 年第一次淞沪会战时，龙骧号尚未服役，所以这次会战中并没有它的身影。1937 年 8 月第二次淞沪会战时，它被编入第一航空战队，其间其舰载机对华南的广州、华东的上海和杭州进行过空袭。它主要负责两部分作战，一是跟中国空军进行空战，二是对地面目标进行攻击，配合日本陆军进行进攻作战。

1941 年 12 月 8 日到 1942 年 2 月，在太平洋战争中，龙骧号和大鹰号编成第四航空战队，到南方战线配合日军南方二十五军、十四军，对菲律宾、东印度群岛、马来亚进行作战支援。

---

① 干舷是指船舶中部从满载吃水线到甲板上缘的垂直距离。

1942 年 5 月，龙骧号和隼鹰号被编入第四航空战队，即细萱戊子郎的北方部队。中途岛战役时，南云忠一主要负责对中途岛进行作战指挥，而北方部队则派出龙骧号、隼鹰号航母战斗群在阿留申群岛做佯攻，调虎离山，意图把美国的航空母舰引出来，并在海上将其全歼，以掌控整个太平洋的制空权和制海权。

在作战过程中，龙骧号上的舰载机对阿留申群岛的美国荷兰港进行了三轮空袭，空袭过程中没有遇到太大的抵抗。最后，日军还在阿留申群岛的阿图岛、基斯卡岛进行登陆，都没有遭到抵抗，因为岛上根本没有美国的驻军。

硬 核 知 识

1942 年，日本的零式战机在太平洋上空是"空中霸王"，所向披靡，不仅速度快、机动性好，续航能力和武器装备也非常强，美国的战斗机碰到它都特别害怕。于是，美国就渴望掌握零式战机的建造技术。正在美国为此发愁的时候，1942 年 5 月，一架零式战机在攻击阿留申群岛的过程中，发动机出现了故障进行迫降，迫降过程中飞行员不幸摔死了，可飞机却完好无损地停在阿留申群岛边上，也没有起火。一个月后，这架飞机被美国人发现，如获至宝般地将它运回国内，并对它进行解构研究。这架零式战机的缴获对美国人研制后来的战斗机起到非常重要的作用。

当时，美国造飞机惯用钢铝实心结构，但他们发现日本的零式战机在材料上采用的是类似建筑中的空心结构，这不仅保障了飞机四面体的支撑强度，还大大减轻了飞机的重量，而节省下来的重量用于载武器和燃油，就提高了飞机的续航能力和战斗能力。这种设计是美国人没想到的。

另一个令美国人百思不得其解的是，零式战机没有装甲防护。美国的战机会在飞行员周围，如底板、周围座舱设置装甲防护，一般的枪弹打上都会被弹回去。他们发现，日本的零式战机没防护，就像纸糊的，只要中了枪弹肯定会着火爆炸、燃烧坠毁。

另外，日本飞机和美国飞机在油箱设计上也大为不同。美国的油箱是油囊的设计，随着油量的减少油囊会不断缩小，比如剩十分之一的燃油时，油囊就瘪下去，这样被枪弹击中的概率会降低。即便油囊被击中、打穿，里面没有氧气也燃烧不了。但日本零式战机的油箱都是硬盒式油箱，周围也没有装甲防护。于是美国人认为，日本拿飞行员的生命安全不当回事儿。这是毋庸置疑的，这让我们想起二战后期日本的神风特攻队①，直接让飞行员开着飞机去撞对方的飞机。

中途岛海战结束之后，龙骧号和隼鹰号被编入第三舰队第二航空战队，因为苍龙号、飞龙号、赤城号、加贺号都在中途岛海战中沉没了，龙骧号成为一线机动舰队的主力舰了。

---

① 神风特攻队主要驾驶着飞机进行自杀式袭击，但如今菲律宾却专门给神风特攻队飞行员塑了雕像，供日本游客怀念慰灵。

坠毁在阿留申群岛的零式战机，机号 DI-108 代表这架飞机是龙骧号的舰载机

  1942 年 8 月日本攻打所罗门群岛，在瓜达尔卡纳尔岛（以下简称"瓜岛"）进行作战时，龙骧号与美国的企业号和萨拉托加号两艘航空母舰相遇，遭到了从美国航母起飞的飞机以及陆地上起飞的 B-17 轰炸机（以下简称 B-17）的轰炸，龙骧号被 4 枚炸弹命中，飞行甲板被炸出 4 个直径一米的大洞，左舷中部被鱼雷命中。之前从龙骧号上飞出去攻击美国航母和对瓜岛进行作战支援的战机，回来时没法降落，因为龙骧号飞行甲板着火，很多战机不得不迫降到海里，但这些战机不是水上飞机，所以很多飞行员都因此遇难了。龙骧号由于中了鱼雷和炸弹，最终失去了动力，丧失了海上航行的能力，最后也难逃被美方驱逐舰击沉的命运。

  龙骧号在 1942 年所罗门群岛瓜岛海战过程中沉没，被击沉时，死亡人数为 121 人，300 多人被驱逐舰救起。

美军修复后的零式战机

龙骧号航空母舰（1942 年）

性能参数	
满载排水量	1.36 万吨
全长	180 米
功率	6.5 万马力
最高航速	29 节
乘员	600 人
舰载机	
战斗机	零式舰载战斗机 24 架
攻击机	97 式舰载攻击机 9 架
武装	
防空火力	89 式 127 毫米口径高射炮 12 门
	96 式 25 毫米口径机枪 4 挺
	93 式 13 毫米口径机枪 24 挺

备注：由于尺寸较小，日军轻型航母一般不搭载专用轰炸机，由战斗机执行轰炸任务。

赤城号：

《华盛顿海军条约》影响下的改装航母

赤城号也是一艘由战列巡洋舰改装而成的航空母舰，在二战中曾不可一世。1942年，赤城号参与中途岛海战，被美国海军三架SBD式俯冲轰炸机（以下简称SBD）两枚炸弹击中，丧失了作战能力，最终被迫自沉，命丧中途岛。

早期的赤城号（上）

背景知识

二战时期日本造出了排水量 7 万多吨的航母，而美国排水量 7 万多吨的航母到 20 世纪 60 年代以后才造出来。二战时日本就有了潜水航空母舰、零式战机、三八大盖步枪，这些在当时都是非常先进的军事武器。当时用战列巡洋舰改装而成的赤城号，也是日本当时武器水平领先的一个典型代表。

赤城号在二战初期起到了非常重要的作用，在太平洋作战过程当中，参与了偷袭珍珠港、空袭达尔文的战役，之后又挥师印度洋，作战经历丰富。赤城号是天城级战列巡洋舰的第二号舰，天城号是第一号舰，这些舰艇原本是作为战列舰建造的。1922 年《华盛顿海军条约》里有一个裁军协定，协定有效期到 1936 年 12 月 31 日。这个条约规定日本主力舰艇总吨位是 32 万吨，主力舰不能超过 9 艘，但是日本在条约签订前就开工建造了不少舰艇，多出来十七八艘舰，这些舰艇被迫停工等待拆解。赤城号就是其中一艘准备拆解的舰艇。

由于天城号在东京大地震中被拧成麻花报废了，赤城号和加贺号这两艘舰艇就成了替补，从战列舰被改装成航空母舰。因为战列舰的主体结构都已经建造好了，所以在改装过程中，只能维持原来战列舰的设计。战列舰设计有个特点，就是造船先铺龙骨，就像盖房子要先打地基，再一层一层往上建，所以当时的战列舰是叠拼完成的。现在建造航母更像模块组装，就像乐高玩具一样，是一块块拼搭的，比如说建造一艘航母一共需要 100 个模块，那么设计图出来后，分别将这 100 个模块送到 100 个工厂去建造，造完以后再送到统一的地点来拼搭。所以，想把战列舰的结构变成航空母舰的结构比较困难。也正因为如此，建造之初的赤城号，存在着许多先天不足。相对于通常的航空母舰来说，它有五大怪。

赤城号的"五大怪"

1923 年到 1927 年这 4 年多时间，赤城号在改装的过程中遇到了很多问题。当时日本的设计师为了提升技能还跑到英国去，跟英国学习暴怒号航空母舰的建造经验。用现在的观点来看，这艘航母在设计上有一些非常奇怪的地方，在航母建造技术上，做了一些艰难的探索——尽管现在看来有些可笑，但是当时日本是认真地去做这件事情的。赤城号在设计上有以下"五大怪"。

第一怪：三层甲板设计

赤城号有三层飞行甲板，巡洋舰主炮有三层设计，甲板都是现成的，在这基础上铺设飞行甲板比较方便。可中层的飞行甲板由于装有两座双连装的 200 毫米口径火炮，占了很大的面积，给飞机只留出来 15 米长的飞行甲板。15 米对小飞机来说起飞没问题，但起飞之后在哪儿降落，降落以后又怎么停进机库，这些却都是问题。航空母舰现在叫系统工程了，可当时没有这个概念。光考虑飞机起飞，没有考虑降落成了赤城号航母设计上的一大败笔。直到 20 世纪 30 年代中后期改装以后，它的甲板才变成全通式飞行甲板——一个甲板从头连到尾部机库，现在航母甲板都是全通式飞行甲板。

已改装全通式飞行甲板的赤城号

第二怪：舰载大炮

赤城号航空母舰装备了太多大炮——10 门 200 毫米口径炮，以至于没有太多空间容纳舰载机。6 门主炮放在舰尾的两舷，每侧是 3 门主炮，然后另外两座双连放在中层甲板上。因为赤城号改装的时候还流行大舰巨炮，当时大家认为航空母舰没什么用，还不知道将来会发展成什么样，舰载机能不能派上用场。万一舰载机不管用，至少还能用大炮自保。是装舰载机还是大炮，当时日本陷入了两难境地。这也体现了当时作战理论的不成熟。20 世纪 30 年代末，日本基本上就把舰载大炮都取消了，航空母舰上全都装上了舰载机。

大舰巨炮的思想一直持续到 20 世纪七八十年代，在苏联设计的基辅级航母身上还能看到。我们现在看天津的基辅号、深圳的明斯克号，垂直短距起降飞机装了一堆大炮和一堆导弹，就是因为那时还不相信舰载机的表现，这类航母我将其称为航空母舰和巡洋舰的混合物。

第三怪：左舷的舰桥

赤城号的舰桥放在左舷，一开始考虑的是如果赤城号和加贺号编队，一个舰桥在左边一个在右边，舰载机起飞和降落的时候可以左右开弓，相互配合，起飞降落都不受干扰。可试验飞行时，他们发现交错飞行会发生事故，因为飞行员喜欢往左边打方向，这样飞机就容易相撞。大家慢慢思考原因，才想到舰桥放在左舷是很危险的。所以，现在所有航空母舰的舰桥都放在右舷，没有在左舷的了。

第四怪：收放式烟囱

赤城号右舷的烟囱是采取收放式的，航空母舰上 100 多吨的烟囱被做成铰链式的，就是正常航行的时候把它竖起来，舰载机要起飞降落了再把它放下去。有一段时间，甚至舰桥也被放在下面。这样飞机的起降作业非常复杂，敌情来了不能马上起飞，还要折腾烟囱，舰载机不能第一时间上战场。

烟囱放在舰尾的右舷后还有一个弊端，就是冒出的黑烟和热流影响了舰载机飞行员的起飞和降落的操作。烟囱和舰桥到底放在哪里合适？以现在的技术来看，应该把它们合二为一。核动力航空母舰就不存在这个问题，但是一般蒸汽动力的航母需要把它们整合成一个。

早期的赤城号三段飞行甲板及烟囱

硬 核 知 识

实际上，现在还有两个国家的航母采取了双舰岛设计：一个是英国现役的排水量6.5万吨的伊丽莎白女王号，主舰岛负责指挥，副舰岛负责舰载机起降的指挥；另一个是印度的维克拉玛蒂亚号航空母舰，这艘航母也是双舰岛设计。这个设计我个人认为存在问题，因为航行起来会带风，会对舰载机的起降有影响，不知道以后会不会再改进。

第五怪：开放式机库

赤城号的机库是开放式的，飞机在飞行甲板上停好之后，通过升降机电梯下去，它是一览无余的，甚至在岸边都能看到机库里的飞机。这个设计在当时还挺新颖，可实际在海上航行时，人们发现这种设计很不合理，因为如果遇到台风，一个大浪几十吨的重量压到机库上，很容易将机库损坏。现实中也确实发生过好几次这样的事故，之后所有航空母舰的机库都被改成了封闭式的。

赤城号当时是一艘明星舰，开放给民众参观。从公开的数据来看，它有2.8万吨重，232米长，28米宽，速度是28节，其实这些数据是假的。它实际的排水量在改装过程中达到了4.1万吨，长达260米，宽32米，实际航速是31节。两次改装过程中，设计师不断地加东西，结果它被改成了一个"大胖子"，行动不便。俗话说，"小马拉大车太吃力，大马拉小车太浪费了"，赤城号就是大马拉小车。赤城号续航能力很差，加贺号16节航速的时候续航能力是1万多海里，而赤城号比加贺号少了五分之一，只有8000多海里^①。因此，日本偷袭珍珠港时，差点没让赤城号参加，因为怕它回不来。最后没有办法，让它多带了一些油桶增大续航能力。这些都是赤城号存在的一些问题。

赤城号经历的第一场实战是1941年偷袭珍珠港，由渊田美津雄所率领的航空战队创下了击沉5艘战列舰的纪录。赤城号也因此一

---

① 1海里≈1.852公里。——编者注

战成名，之后转战菲律宾、印度尼西亚等地，威震四方。

赤城号舰载机飞行队长——渊田美津雄

加贺号曾经参加过 1932 年和 1937 年两次淞沪会战，但是赤城号没有参加。赤城号参加的第一场作战就是 1941 年 12 月 7 日偷袭珍珠港。偷袭珍珠港的经过大家都非常熟悉，但赤城号舰载机的飞行队长渊田美津雄，大家可能不太了解。

硬 核 知 识

航空母舰上的人员配备主要是两部分：一部分负责开舰，另一部分负责舰载机。两部分人互不干涉，只是配属。航空母舰只是个移动的飞机场，真正负责打仗的是舰载机。所有的战斗机、攻击机、轰炸机出去作战都得靠舰上的舰载机飞行队长指挥，所以这个角色非常重要。

1938 年赤城号第二次改装完之后，其第一任飞行队长渊田美津雄在整个训练过程中表现出色，被晋升为第三航空队参谋，这就等于进入职能部门成为日本军方信得过的人了。

在偷袭珍珠港之前，山本五十六组织飞行队员在日本南九州鹿儿岛开展舰载机的战术训练——因为这个地方的地形跟珍珠港差不多，这次训练由渊田美津雄组织，算是降职使用，最终又任命他到赤城号上服役。

舰载机战术训练的科目很多，单机、编队、战斗机和鱼雷攻击机的配合，战斗机和轰炸机的配合，飞行高度的把控，战术机动动作，等等。举一个例子，当时日本派特务进入珍珠港，测定珍珠港水深在 12 米到 18 米。而舰载机投放的鱼雷为七八米长，很重，从空中投放下来后容易头朝下直接钻进海底。所以，如何让鱼雷在投放之后，保持平稳的航行，以一定的速度到达合适的深度，命中战舰的水下部分，造成最大的伤害，就成了一个训练科目。

渊田美津雄

渊田带着他的飞行队进行了长期训练，发现要达到理想目标就只能让舰载机低空投雷，但飞行的高度越低，飞机越容易成为舰炮的射击目标，飞行员面临的生命威胁就越大。此外，投雷时还要保持低速飞行。这些都要经过长时间的训练才能完成。

由于鱼雷重量过大，渊田美津雄给它加了一个木质小翼，解决了鱼雷投放后容易沉入海底的问题。

在训练过程中，渊田美津雄指挥的舰载机投弹命中概率高达80%。要知道，在偷袭珍珠港和中途岛海战中，从美国企业号起飞的108 架战斗机集中攻击日本的航空母舰，可在第一波攻击中无一命中，还被日军击落大半。

渊田美津雄指挥的精英队伍水平很高，训练了半年，就参加了偷袭珍珠港的战役。他带队的第一批 49 架九七式舰上攻击机（以下简称"九七舰攻"），从赤城号上起飞，第一波火力就击沉了美方 5 艘战舰。世界知名的"虎！虎！虎！"（代表偷袭珍珠港成功）电报就是他发出的，美国后来还拍了一部电影，就叫《虎！虎！虎！》。

渊田美津雄因此一战成名。1942 年 3 月到 4 月，他转战到斯里兰卡（当时叫锡兰）附近，带着 36 架零式战斗机护送 36 架俯冲轰炸机和 53 架鱼雷机攻击当时在科伦坡的英军海军基地。英军损失了27 架飞机，4 艘战舰被击沉，竞技神号航空母舰也在这一次袭击中沉没了。

友永丈市

渊田美津雄在中途岛海战前得了盲肠炎，盲肠炎虽不算大病，但是急症，他在舰上就动了手术。为了不耽误作战，他推荐友永丈市大尉代替自己担任飞行队长，带队去轰炸中途岛。由于在舱室里养病没有参战，渊田美津雄侥幸保住一条命，只是受了点儿轻伤。

1945 年 8 月 6 日广岛原子弹爆炸以后，渊田美津雄作为海军调查团成员第一批进入广岛现场调查，去现场调查的所有人都受了核辐射，但是他却没有生病。二战结束后，他洗心革面，对战争表现出认罪态度，不再笃信天皇那一套，改信基督教，宣扬反战与和平的思想，还被麦克阿瑟领导的联合国军最高司令部聘请，参与战争资料的整理与研究工作。1976 年，渊田美津雄去世，终年74 岁。

空袭达尔文

在二战中，还有一个赤城号参与的跟偷袭珍珠港差不多的战役，这是日本在 1942 年初发动的一场颇为得意的战役。

1941 年 12 月 8 日，日本与泰国、新加坡、马来西亚、印度尼西亚、菲律宾交战，由本间雅晴、山下奉文等人组织。由于国际日期变更线的原因，1941 年 12 月 7 日偷袭珍珠港和 1941 年 12 月 8 日发生在东南亚的战争是同时进行的，在具体时间上东南亚这场战役要早一点，只是日期差一天。

日本当时采用的战略是左右夹攻：一只拳头直挥靠近美国本土西海岸的夏威夷，对印度尼西亚（当时叫荷属东印度群岛）、巴布亚新几内亚、莫尔兹比港、澳大利亚进行作战；另一只拳头挥向东南亚一带。日本计划左右合围，然后占领整个太平洋；在占领太平洋后兵力重新集结，再向印度洋开进进行作战。日本对印度洋作战主要是为了切断英国、荷兰、法国一些通向欧洲本土的海上交通线。在占领这些国家的岛屿之后，日本继续向中东、非洲进攻，在那里跟法西斯德国和意大利会师。

空袭达尔文①就是这一系列战略图谋中的一环。日本企图占领澳大利亚，再攻占巴布亚新几内亚，比如拉包尔、莫尔兹比港，控制珊瑚海和帝汶海，这样通向印度洋的通道就打通了。

实际上，印度洋确实一度让日本控制了。英国当时控制的一些殖民地都岌岌可危，比如斯里兰卡、巴基斯坦、孟加拉国、缅甸、印度等，其中部分一度被日本占领了，比如巴基斯坦、缅甸。但后来日本并没有继续作战，主要有两方面原因：一是1942年4月18日，美国空军将领詹姆斯·哈罗德·杜立特率编队空袭东京②，6月4日日本突袭中途岛也引发战火，这两战让日本感觉战线拉得太长了；二是滇缅会战占用了日军的大量陆军主力，导致日本没有兵力再向印度和英国的其他殖民地进攻。

1942年2月19日，赤城号和其他3艘航空母舰在早上8点45分就派出了第一波188架舰载机对达尔文进行空袭。这时，澳大利亚空军全都被派遣出国支援其他地方的作战了。它的空军当时分别到欧洲、北非、中东战场去跟德国、意大利作战了，国防力量薄弱，防空部队连大口径炮也没有，只有20毫米的小口径炮，还有美军在达尔文布署的十几架P40I战斗机（以下简称P40I）。虽然战斗机还

---

① 达尔文（Darwin）是位于澳大利亚西北海岸的主要城市，也是唯一经历过现代战争的澳大利亚城市。在第二次世界大战中，澳大利亚本土卷入战争。从1942年2月19日日本进行了两次轰炸侵略行动开始，达尔文遭受过日军63次轰炸。

② 这是美国向日本本土首次进行的空中轰炸攻击任务，在美国战争史上，这是唯一一次美国陆军航空军的轰炸机在美国海军航空母舰起飞执行战斗任务。由于此次任务是由战前著名飞行员吉米·杜立特中校一手策划，所以又称"杜立特空袭"。——编者注

不错，可澳大利亚的飞行队员都是"菜鸟"，只有一名队员有 20 小时的战斗经验。

这一天早上 9 点，10 架 P40I 在一架 B17E"空中堡垒"轰炸机（以下简称 B17）的护航下，前往印度尼西亚爪哇岛，结果中途遭遇恶劣天气不得不返航，正好和日本 188 架对达尔文发动攻击的战机飞行方向相同。发现大量机群接近达尔文，它们发出了空袭警告，但是澳大利亚地面防空部队接到警告以后却以为这些飞机是刚飞走的美机返航了，没有提高警惕采取任何防空措施。

188 架舰载机很快接踵而至，在达尔文上空狂轰滥炸了一个多小时，澳大利亚损失惨重。这时 10 架 P40I 已经落地，发生空袭后，想再次起飞迎战，结果 3 架直接在跑道上被炸毁了，另外 7 架虽然升空，可飞行员没有什么作战经验，被几架会合的零式战机迅速解决了。结果，10 架 P40I 无一幸免。这一个多小时的空袭导致达尔文大部分机场、港口被摧毁。日本还对澳大利亚发动了第二次空袭，从帝汶岛陆地机场又起飞了一些埃及战机，给澳大利亚造成了巨大损失：35 艘舰艇被击沉、击损，23 架飞机被炸毁，700 多人死亡。这是澳大利亚独立以来本土遭受的第一次大规模袭击。

西南太平洋战区

澳大利亚遭受重大损失后，和美国结盟更紧密了。1942 年 2 月，美国陆军作战部长麦克阿瑟统帅的菲律宾马尼拉失守；同年 3 月，美日在巴丹开战，美军方面 75000 人被俘。迫于战争形势，当时的美国陆军参谋长马歇尔催促麦克阿瑟逃到澳大利亚，正巧此时澳大利亚被袭，时任美国总统罗斯福就成立了一个新的战区——西南太平洋战区。这个战区不被人们所熟知，大部分人只知道麦克阿瑟和尼米兹（美国海军名将，十大五星上将之一，二战时任太平洋战区盟军总司令）。在麦克阿瑟的领导下，1942年至1943年间，西南太平洋战区美军在菲律宾、印度尼西亚、加里曼丹岛、澳大利亚、新几内亚与日军交战。到1944年，所罗门群岛更是发生了大量的作战行动，美军通过跳岛战术①的方式，一点点向前推进，向日本本土进军，其间大部分战役都是麦克阿瑟和尼米兹协同作战，并取得了一些胜利。

赤城号命丧中途岛

1942年6月4日，大约早上10点50分的时候，雷蒙德·阿姆斯·斯普鲁恩斯（美国海军上将，后被追授为海军五星上将）指挥美国企业号航空母舰派出舰载俯冲式轰炸机接近赤城号，投下两枚炸弹。一枚落入水中爆炸，冲击波把赤城号的舵机炸坏，赤城号因此失去动力，原地打转；另一枚命中赤城号中部升降机，由于机库里面到处都是满油满弹的飞机、炸弹、鱼雷，所以很快就引发油库和弹药库的连锁爆炸。舰艇

---

① 跳岛战术（Island hopping），或称跳岛战略、蛙跳战术（Leapfrogging），是太平洋战争后期以美军为主的同盟国军队为加速进逼日本本土、结束战争并减少损失，而策略性跳过亚太地区某些日军占领岛屿的战术。

上的损害管制^①人员从早上 10 点多到晚上 7 点多,不断地进行灭火、排爆、抢救,可无济于事。到了晚上 7 点 20 分的时候,舰长青木泰二郎下令弃舰,舰员分别向两侧驱逐舰转移。赤城号是南云忠一的旗舰,弃舰后南云忠一和他指挥部的参谋人员转移到了护航的长良号巡洋舰上进行指挥。赤城号上的飞行员则驾驶飞机转移到了翔鹤号上。人员全部转移完毕后,舰长再次对全舰进行检查,然后他给南云忠一发出电报,请求南云忠一向山本五十六汇报,击沉赤城号。

当时,山本五十六想要在中途岛海战时跟美国决一死战,因为半年前日本偷袭珍珠港后,美国太平洋舰队已经损失一大半舰艇,现在他想把美军剩余的舰艇引诱出来,在中途岛聚歼,最终登陆中途岛,将其作为从日本到美国西海岸的基地。

山本五十六对此进行了长期的策划,动员了日本海军 90% 以上的兵力,兵分五路与美国决战,结果"出师未捷身先死",4 艘航空母舰全被摧毁。当接到南云忠一的请示电报时,山本五十六犹豫不决,因为他之前曾任赤城号航空母舰的舰长,对这艘航母很有感情,舍不得下令把它击沉了。此外,赤城号还对日本民众开放过,是一艘明星航母,也是不少日本人心目中实力的象征。山本五十六回电说暂缓行动,同时下令第四驱逐舰编队担任警戒,防止美国再次投射鱼雷、炸弹对赤城号进行攻击,也防止美国驱逐舰、巡洋舰和潜艇接近。

---

① 损害管制,全称"舰艇损害管制",简称"损管",是商船、航运业和海军对于可能危害船舶沉没的情况的紧急控制。

赤城号航空母舰（1941 年）

性能参数	
满载排水量	4.13 万吨
全长	260 米
功率	13.3 万马力
最高航速	31 节
乘员	1630 人
舰载机	
战斗机	零式舰载战斗机 21 架
轰炸机	99 式舰载轰炸机 27 架
攻击机	97 式舰载攻击机 27 架
武装	
副炮	三年式 200 毫米口径舰炮 6 门
防空火力	89 式 127 毫米口径高射炮 12 门
	96 式 25 毫米口径机枪 28 挺

日本的驱逐舰为赤城号护航了一晚，最后山本五十六下令把它拖回来。南云忠一表示排水量 4 万多吨的舰艇拖运有困难，即便派出多艘舰艇往回运，速度也会非常慢，容易被美国航空母舰发现，如果被美军发现，连拖运它的舰艇都可能被炸毁，赤城号也可能被美国缴获。这样一艘明星航空母舰如果被美国缴获，送到夏威夷造船厂维修，再开出来和日本作战，那就太丢人了。山本五十六左右为难，想了半天也没想到办法，在次日凌晨 4 点 50 分，下令击沉赤城号。日本 4 艘驱逐舰发射了 4 枚鱼雷，3 枚命中目标，20 分钟以后赤城号沉没了。

这艘航母在作战过程中阵亡 230 多人，沉没以后日本军方不敢声张，打了一场败仗还硬要宣传打了胜仗，"秘不发表"，直到三个多月后才向外公布消息。

　　虽然最后被迫被击沉，但赤城号参与了偷袭珍珠港和空袭达尔文两场日本最辉煌的战役。

加贺号：
从日本为二战航母招魂说起

2015年8月27日，日本第二艘出云级直升机航母加贺号下水。这一艘航母和二战期间的加贺号重名。后者建于1919年1月，是由川崎造船厂建造的第四艘战列舰改装而成。

改装完成的加贺号

在军舰的命名上，有一个继承性原则，西方国家及日本均遵循此原则，即舰名是生生不息的，但舰艇的服役期是短暂的，一艘舰艇退役或被击沉之后，新建成的舰艇就会沿用它的名字，本章的加贺号即如此，它在二战中战绩辉煌，被击沉后，日本现在新服役的舰艇便沿用了这个名字。

二战期间的加贺号航母在中国沿海及太平洋战场上威风八面，不可一世。然而加贺号最初只是一艘战列舰，是什么样的国际背景促使加贺号由战列舰摇身一变成为航空母舰？

别有用心？
如今的加贺号与出云号的由来

提到加贺号，我们不得不提另外一艘与它有相似经历的航空母舰——出云号。提起这两艘航母，还要从离我们很近的故事说起。

曾经的出云号原是一艘排水量 1 万吨的装甲巡洋舰，是日本利用 1895 年《马关条约》中国战败后 2 亿两白银的战争赔款在英国阿姆斯特朗造船厂建造的。这艘舰曾长期作为日本大正天皇的坐舰，参加过第一次世界大战和 1904 年的日俄战争。在 1932 年的第一次淞沪会战和

1937 年的第二次淞沪会战中，它曾作为第三舰队旗舰，先后闯入黄浦江、苏州河口与杭州湾，分别对上海和杭州进行炮击。1945 年，这艘舰艇被美国轰炸机炸沉。所以，"出云"这个名字对中国、俄罗斯和美国都有着重要的历史意义。日本用这样一艘装甲巡洋舰的名字来命名2013 年刚服役的航空母舰显然也是别有用心。

当时，出云号还有一艘姊妹舰正在建造，但日本一直没有公布这艘舰艇的名字，直到其 2015 年下水当天才正式宣布将其命名为加贺号，这再度引起中美两国的关注。因为加贺号名字的来历和出云号相似，它的前身也参加过两次淞沪会战，对中国进行了多次空袭，直到中途岛海战时被美国击沉。

日本不仅在这两艘舰艇的命名上做文章，还在它们下水服役的日期挑选上煞费苦心。

出云号于 2013 年 8 月 6 日下水，而 8 月 6 日正是日本广岛遭受原子弹轰炸的日子。日本选择在这一天让出云号下水，又选在 2014年 10 月 1 日——中国国庆节当天试航，其深意不言而喻。

"加贺"这个名字曾被用来命名旧日本帝国的航空母舰，这艘航母也是侵华战争的急先锋。新的加贺号于 2015 年 8 月 27 日 14 时在横滨船厂正式下水，此后一周的 9 月 3 日就是中国纪念抗日战争胜利 70 周年和世界反法西斯战争胜利 70 周年的纪念日，日本军方的野心昭然若揭。

2016 年 3 月，加贺号服役后，日本有了 4 艘航空母舰，组成了护卫队群，也就是联合舰队。这 4 艘航空母舰分别担任了 4 支联合舰队的旗舰。经过 70 年的发展，日本现在已经拥有亚洲最大规模的舰队，成为亚洲航母最多的国家。

但这仅仅是开始，之后日本又积极推动修改战争法案，虽然遭到了全国上下的反对——100多万人上街举行游行示威，但是效果却不明显。

前几年，日本政府一方面加紧推动战争法案，另一方面通过为其航母命名的方式为二战名舰招魂，其野心昭然若揭。

那么，当年的加贺号是怎样改装而成，又是如何在二战期间肆虐长江口的呢？这艘舰艇还发生了哪些不为人知的故事？

数次改装：加贺号的前世今生

加贺号的第一次改装

加贺号最早建造时，不是按照航空母舰的标准建造的，它的前身是一艘战列舰。这艘战列舰在川崎神户造船厂建造，一年以后就下水了，被命名为加贺号。加贺原是1000年前日本中部的一个古国。

加贺号战列舰下水之后生不逢时，不久就夭折了。因为英国、美国、日本、法国、意大利五个海军强国于1918年签订的《华盛顿海军条约》，限制了这五个国家海军舰艇的总吨位和单舰吨位：英国52.5万吨，美国52.5万吨，日本31.5万吨，法国和意大利各17.5万吨。条约内各国所有主力舰和其他驱逐舰、护卫舰的吨位加起来不能超过限制吨位。此外，条约对单舰吨位也进行了限制，约定战列舰最高排水量3.5万吨，巡洋舰排水量1万吨，航空母舰排水量2.7万吨。按

早期的加贺号

照《华盛顿海军条约》的规定，日本多出 10 艘主力舰和 6 艘正在建造的战列舰，这 16 艘舰艇要在条约生效后 18 个月内全部拆除解体。由于当时航空母舰不受重视，条约允许每个国家可拿出两艘战列舰来改装航母，单舰吨位可以超过对航空母舰 2.7 万吨的吨位限制。美国据此把两艘战列巡洋舰改装成了航空母舰——萨拉托加号和列克星敦号。日本照葫芦画瓢，改装了赤城号、加贺号。当时日本拥有满载排水量 1 万吨的凤翔号，美国拥有排水量 1.1 万吨的兰利号，改装两艘航母以后，日本和美国各有 3 艘航空母舰。

日本起初不打算用加贺号战列舰改装航母，而是想用天城号战列巡洋舰改装航母，但天城号战列巡洋舰进厂改装一年多时，赶上了 1923 年 9 月 1 日日本历史上伤亡最严重的大地震——关东 8.1 级大地震。这次地震把整个东京夷为平地，约 15 万人丧生，200 万人无家可归，整个横须贺造船厂也被毁于一旦，排水量好几万吨的战列舰船体被震落了（包括天城号），龙骨扭曲无法修复。1924 年，天城号被解体报废。

加贺号战列舰的设计模型

　　加贺号战列舰身材短粗，不太适合改装航母，更适合作为战列舰使用，上边多放炮。航空母舰有长度要求，为的是便于飞机起降。因此，日本军方一开始根本没考虑将加贺号战列舰进行改装，准备将它拆解报废，天城号损毁后，才尝试把加贺号战列舰改装成航母。结果，"板凳队员"摇身一变成了主力先锋。

　　加贺号于1923年开工改造，1925年下水，1928年完工，被编入横须贺海军舰队。这艘航母很特别，和我们现在看到的航母完全不一样。由于是日本改装的第一艘航空母舰，和赤城号一样，日本在改装加贺号时没太多经验，设计上有很多不合理的地方。

飞行甲板

　　加贺号的飞行甲板有三层，最上层飞行甲板长190米、宽31米，供舰载机起飞和降落。舰桥被安排在上层飞行甲板和中层飞行甲板中间，特别别扭。中层飞行甲板的长度只有 15 米，直接和机库连着，还装有两座双联座、203 毫米口径的门炮，外加一个舰桥，占据了很大的空间，所以中层飞行甲板大飞机飞不起来，只能供小飞机起飞。底层甲板也很短，长 55 米、宽 23 米，也是和机库连着的。

加贺号的三层甲板

烟囱

加贺号的烟囱也很特别。我们现在见到各类舰艇上的烟囱都是在高耸的上层建筑周围，但加贺号的烟囱竖起来放到上层甲板上以后，冒出来的烟会影响飞行员的视线，所以就设计成横卧式的，类似抽油烟机的管子，横卧在舰艇的舷侧，从中间延伸到舰尾。这个设计的确把烟排到了舰尾，也不影响舰载机的起飞和降落，但增加了100多吨的重量，航空母舰开动时舰尾排烟容易造成乱流。这对舰载机的起飞和降落非常危险。由于当时都是烧锅炉和煤的，温度非常高，烟囱所经过的甲板、甲板附近的水兵休息舱因此温度都特别高，可达40多摄氏度，设计非常不合理。

以上是第一次淞沪会战前加贺号的基本状态。

加贺号的烟囱

加贺号的二次改装

第一次淞沪会战结束之后，1934年加贺号开始二次改装，这次改装花了一年多时间，重点修正了上面提到的一些不合理的地方——把三层甲板整合成一层全通式飞行甲板，日本现在的出云号、日向号、伊势号都是采用这种设计，岛形上层建筑在上甲板的右舷，其他都是从前到后一马平川的飞行甲板，舰载机起飞和降落都在这一层。

横卧式烟囱被取消了，烟囱设计在舷外，往海面进行弯曲排放，这种设计简单，而且烟囱的热度也不会影响上甲板和水兵舱。舰艇增加到约 240 米长、32 米宽，排水量也相应增大，标准排水量达 3.8 万吨，满载排水量是 4.36 万吨。

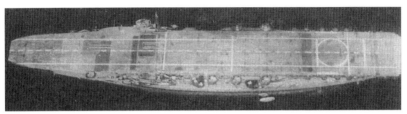

二次改装后的加贺号甲板

改装后，加贺号的航速是 28 节，这个航速非常慢。航空母舰航速越快越好，当时的航母速度一般是 30 节，实际最高能达到 35 节。这样飞机起降比较方便，但加贺号是战列舰改装的，航速提不上去。加贺号人员编制是 1700 多人，能装 90 架舰载机。

特别有意思的是，加贺号上装了 10 门 200 毫米口径的舰炮，8 座双联装的 127 毫米口径高炮——双联装就是 16 门炮了，还有 22 门 25 毫米口径的机关炮，所以这艘舰艇从外观上看，周围装的全是炮。现在因为有导弹，所以航空母舰一般不这么配备了。

加贺号二次改装完后，成了世界上排水量最大的航空母舰。在夏威夷海域航行时，它和赤城号编队，另外还有 4 艘航空母舰，以测试其适航性——在风浪和海情一定的情况下，舰艇左右横摇的程度如何。结果赤城号和加贺号的左右横摇为 3 度，飞机起降基本上都没有问题。而在同样的风浪和海情下，苍龙号、飞龙号横摇达到 11 度，翔鹤号、瑞鹤号则达到 20 度，相较之下加贺号的性能还是不错的。

硬 核 知 识

什么是标准排水量？用大家比较熟悉的车来打个比方。比如有人到 4S 店买了一辆新车，车上没有人，后备厢也是空的，油箱里只有 10 升油，舰艇类似这种状态时的排水量就是标准排水量。新车后备厢装满东西、车上满员坐了 5 个大胖子，油箱也加满了，舰艇类似这种状态时的排水量就是满载排水量。满载排水量是不定的，因为有的舰艇是"薄皮大馅"型的，比如日本 1941 年 12 月 7 日偷袭珍珠港的时候，6 艘航空母舰和几十艘战列舰、巡洋舰、驱逐舰从择捉岛（俄罗斯称伊图鲁普岛）单冠湾出发，驶往珍珠港。因为当时日本舰队的编成混杂，好多舰没有做远洋考虑，导致油不够用，最后舰上的油桶放得到处都是，甲板上都堆满了，过道里也堵得过不了人。航渡状态下，日本舰队有 6 艘油船跟着，在沿途找加油点加油。加油船加满油，油桶也装满油，再开着去炸珍珠港。这就和我们开车走长途，为防止半道上没有加油站加不了油，在车上装几个大油桶备着是一个道理。这些额外的油桶都算在满载排水量内，太多了舰艇还可能拉不动，比较难计算。

航 母 档 案·日 本 卷

身经百战：加贺号是侵华主力军

第一次淞沪会战：罗伯特·肖特与加贺号的交锋

　　1932 年 1 月 28 日，第一次淞沪会战爆发。1 月 31 日，加贺号航空母舰驶入了长江口，舰上的 9 架战斗机和 8 架攻击机在上海虹桥机场进行示威性飞行，这是它的第一次实战出动。2 月 5 日，加贺号舰载机对上海郊区进行了轰炸，一直轰炸到昆山一带。在昆山，日本舰载机遭到中国陆军的高射炮还击，中方 4 架飞机起飞迎战，一架日机被击落，这是中日两国首次空中交手。

　　2 月 21 日，淞沪会战后 20 多天，美国飞行员罗伯特·肖特驾驶一架波音 218 战斗机从上海飞往南京，途中遭遇 3 架日机。日机将它误认为中国战机，双方发生了战斗，空中战斗持续 20 分钟后，两架日机被肖特击中负伤逃窜。

　　2 月 23 日，从加贺号起飞了 3 架舰载战斗机和 3 架舰载轰炸机，分成两个编队，向苏州上空进行侵犯，这支编队再次遇到肖特。肖特在 30 米距离击中日军一架三座舰载攻击机，后座的投

罗伯特·肖特

弹手是名大尉，被一下击毙，鲜血溅染了整个机舱，前座飞行员见状驾驶战机落荒而逃。而后 3 架日军战斗机居高临下向肖特的波音 218 战斗机猛烈扫射，肖特驾驶战机钻入低空的云层隐蔽，不料日军在 1500 米的高空上长射命中肖特的战机，肖特不幸牺牲，年仅 27 岁。

2 月 26 日，中日再次交战，加贺号上的两架舰载轰炸机被中方击落，算是为肖特报仇雪恨了。对于抗日战争，大家可能比较熟悉在华抗战的美国飞虎队、飞行员克莱尔·李·陈纳德等，但罗伯特·肖特是中国抗日战争第一个牺牲的外籍飞行员，也是对日战争中第一位牺牲的美国飞行员。

肖特牺牲之后，中国空军给予他很高的荣誉，授予他空军上尉军衔，邀请他的母亲和弟弟到中国来，用最高的礼仪把他安葬在上海虹桥机场附近。在他下葬的那天，上海还降半旗致哀，苏州吴县——肖特的牺牲地，专门为他建了一座纪念碑，上面写着"美飞行家肖特义士殉难处"，以表示对他的永久缅怀。

第二次淞沪会战：受重创的日本舰队

"七七事变"以后，日本海军更加不可一世，然而日本舰队却在第二次淞沪会战期间被中国空军重创，直接导致日本高级军官切腹自尽。

1937 年"七七事变"后，随即爆发了"八一三"会战，即第二次淞沪会战。此时日本拥有 3 艘航空母舰，第一艘航空母舰是凤翔号，此外还有加贺号和龙骧号。龙骧号和凤翔号的吨位都比较小，加贺号是三艘航母中最大的。

加贺号当时被编入第三舰队，司令长官是长谷川清。在第二次淞沪会战中，日本舰队驶入黄浦江和杭州湾，准备对上海和杭州进行空袭，核心目的是支援日本海军陆战队在地面展开作战。但是没想到，日军刚部署完毕就来了台风，加贺号被迫逃离，一路逃到黄海济州岛一线，所以舰载机没法起飞。

8月14日，日本从台湾台北机场（当时台湾受日本殖民统治），起飞了18架飞机，分为两个编队轰炸杭州笕桥机场。中国空军的飞行大队长高志航带队起飞迎战，击落了3架敌机，击伤1架敌机，大获全胜。当时日本空军不可战胜的威名在外，日本航空母舰上还有舰载机，中国空军对日本空军也比较害怕，但是没想到高志航带队首战告捷，威名远扬，把日本空军不可战胜的神话打破了。为纪念这一次中国空军3比0获胜的空战，1939年国民政府将8月14日定为中国的"空军节"。

8月14日笕桥空战后，时隔一天，加贺号航空母舰上起飞了16架轰炸机和29架攻击机，兵分三路分别偷袭苏州、广德、南京，结果进攻南京的日军编队由于天气恶劣，不得不返回；前往轰炸苏州的编队由于风雨交加，想搂草打兔子——临时决定飞到杭州，准备空袭笕桥

高志航

机场，意图摧毁中国的机场和航校——当时杭州还有一所航校。结果他们在空中遭到中国空军 21 架霍克战斗机的拦截，日本 6 架战机被击落。加贺号当天一共出动了 45 架舰载机，经过笕桥机场和其他地区的交战，10 架战机被击落，其余三分之一的飞机受损。

8 月 16 日，加贺号再次起飞大量飞机继续执行轰炸任务，结果这天又被中方击落 8 架飞机。自 1894 年日本舰队侵犯中国以来，日方一直认为中国的飞机落后，根本没把中国空军放在眼里，但这次交手竟遭到中国空军的猛烈反击，而且损失惨重。日本国内媒体哗然，日本航空联队长石井义大佐迫于舆论的压力剖腹自尽。

事后日本总结经验教训，发现失败的主要原因是他们过于轻视中国的空军实力，在作战过程中编队没有战斗机护航，只是让轰炸机和攻击机狂轰滥炸。日军因此决定增加战斗机，在战斗机护航的情况下，让舰载攻击机和轰炸机到相关的空域对地面目标进行空袭。

江阴保卫战：中国海军全军覆没

第二次淞沪会战日本海军并未占到明显的便宜，但抗日战争全面爆发后，日本混编舰队仍然具有明显的战略优势。在著名的江阴保卫战一役中，中国军队损失惨重。

淞沪会战受挫后，日本第三舰队混编的舰艇，如出云号装甲巡洋舰、加贺号航空母舰，还有一些护航的舰艇，就从长江吴淞口溯江西上，一直沿着长江往深处进发，直接威胁到了上海和南京的安全。上海当时是中国的经济中心，而南京是当时的首都，如果日军再往长江上游推进，对中国来说非常危险，所以蒋介石决定放弃外海防御，把海军第二舰队和第三舰队调回来，集结在长江一带，拱卫上海和南京。

沿着长江吴淞口往上游走，不到 200 公里，就是现在的江阴市。在江阴地区，长江向上西进呈鸡脖状，非常狭窄，江面宽度只有 1500 米左右。江阴距离南京不到 200 公里，如果能在江阴设置要塞，把加贺号、出云号舰艇堵在江阴以外，南京就没有太大的危机，所以蒋介石决定建立江阴要塞，把海军的第二舰队和第三舰队都部署在这里，意图阻止日本海军溯江西上。但当时中国所有舰艇加起来排水量不到 6 万吨，空军经过淞沪会战以后实力也大不如前，在不得已的情况下，国民政府决定用舰船自沉来封锁长江。这在世界上都是非常罕见的。

8 月 12 日，8 艘老旧的军舰在江面上一字排开，水面舰艇上的通海阀全部被打开，老旧军舰被凿沉于江。接着，又有 35 艘军舰和商船在中央航道被凿沉，但还是堵不住。于是，又有 185 艘渔船和运输船被征集。由于江水水流太急太深，最终封锁效果并不明显。

这时中国海军主力战舰仅剩 2000 多吨位，海军的有生力量平海舰、宁海舰为阻止日军前进，集中在封锁线上进行封锁，也因此成为加贺号航空母舰舰载机的攻击对象。

8 月 19 日和 8 月 20 日两天，加贺号派出 12 架舰载机飞抵江阴要塞上空，对两岸的炮台及江阴封锁线上的平海舰和宁海舰进行空袭。敌机接连投放了 30 公斤、60 公斤炸弹，命中了宁海舰，宁海舰为了自救抢滩搁浅；之后，敌机又投放了 3 枚 60 公斤的炸弹命中了它的姊妹舰——平海舰。平海舰最终在镇江附近沉没，中国海军战斗力最强的两艘战舰此时完全失去了战斗力。

继 1894 年甲午海战北洋水师全军覆没后，中国海军到此时，经过 43 年才重新建立了一支现代化的海军舰队，总吨位达 6 万吨。这是中国海军历史上第二次惨遭全军覆没，且两次都败于日本之手。

加贺号的最后一役

加贺号航母在中国战场积累了丰富的实战经验后，又作为战舰成员之一成功偷袭珍珠港，并肆虐南太平洋及印度洋，但在中途岛海战中，这艘日本战舰最终被击沉。

按照美国历史学家的书籍和电影记录，第二次世界大战太平洋战争其实在 1932 年，即日本偷袭珍珠港大约 10 年前就开始了。加贺号在两次淞沪会战中担任了侵华急先锋，对中国上海和杭州进行了多轮空袭，在中国战场上积累了大量的作战经验——舰载机的起降、对高炮护卫的要害目标的袭击、对城市的袭击等。

1941 年 12 月 7 日，身经百战的加贺号参与了对珍珠港的偷袭。在这次偷袭过程中，加贺号表现出色，和赤城号、苍龙号、飞龙号、翔鹤号、瑞鹤号一起，用半个多小时就把美军太平洋舰队一半的兵力消灭了。美军损失惨重，而日军的损失微乎其微，一共才损失了 29 架舰载机。这 29 架舰载机中有 15 架是加贺号的。

偷袭珍珠港之后，日本转战南太平洋，横扫、空袭了拉包尔。1942 年 2 月，加贺号空袭澳大利亚的达尔文港时，在帕劳港触礁了，之后回国进行修理，这期间错过了对印度洋的空袭和珊瑚海海战。珊瑚海海战主要由翔鹤号、瑞鹤号负责，这一仗打得也很惨烈，美国的列克星敦号被击沉，约克城号受损，一路漏油回到夏威夷维修。

加贺号维修好三四个月后，就是1942年6月4日的中途岛海战。中途岛海战中，它由于航速慢，而且又是第一波派飞机去空袭中途岛机场的，所以成为美国企业号航母俯冲轰炸机①轰炸的第一个目标。

加贺号的前甲板和升降机中间有非常醒目的日本太阳旗。美国飞行员从空中俯视，老远就看见了它，因此太阳旗成了他们瞄准的靶标。当时企业号航空母舰在5分钟之内投了4枚炸弹——一枚炸弹约450公斤，总共1000多公斤，加贺号因此损伤惨重。美国俯冲轰炸机的第一枚450公斤炸弹投在加贺号飞行甲板的右舷，正好当时舰上全是鱼雷、炸弹和满油满弹准备起飞的飞机，此外还有一辆航空燃料加油车正载着燃料在上边加油。结果这辆加油车被炸弹命中引燃，旁边的岛形上层建筑舰桥也连带被烧毁了。当时，大佐冈田次作是加贺号的舰长，正好在舰桥上指挥作战，他和所有加贺号其他指挥官都死于其中。舰艇失去了指挥又被另一枚炸弹命中了升降机，升降机直接落入了机库里，这就好比炸弹命中了电梯，电梯直接从楼顶被炸到了地下室。当时，机库里都是满油、满弹等着上升降机到甲板起飞的飞机，这直接引起了二次爆炸，大火又向舱室蔓延。另外两枚炸弹落在上甲板的中后段造成大爆炸。从当天上午10

---

① 飞行员在两三千米甚至四千米高的高空，提前预估目标位置，然后往下俯冲，在离舰两三百米高时投弹后迅速逃离，这是俯冲轰炸机的战术。

点 20 分到下午 4 点 26 分，加贺号上连续发生了 7 次大爆炸。

中途岛海战中被击沉的加贺号

加贺号航空母舰（1941 年）

性能参数	
满载排水量	4.36 万吨
全长	247 米
功率	12.74 万马力
最高航速	28 节
乘员	1705 人
舰载机	
战斗机	零式舰载战斗机 21 架
轰炸机	99 式舰载轰炸机 27 架
攻击机	97 式舰载攻击机 27 架
武装	
副炮	三年式 200 毫米口径舰炮 10 门
防空火力	89 式 127 毫米口径高射炮 16 门
	96 式 25 毫米口径机枪 22 挺

下午 4 点 26 分，这艘航空母舰底层的燃油舱和弹药库发生了连续爆炸，舰体断为两截。下午 5 点 13 分，加贺号沉没，舰上 811 人死亡，50 人生还。中途岛海战是加贺号的最后一役，作为两次侵华急先锋的加贺号最后被美军击沉。

苍龙号：
"战功赫赫"的专职航母

苍龙号航空母舰不但参加了侵略中国的战争，还参与了偷袭珍珠港的行动，苍龙号舰爆队还投弹炸毁了美国海军亚利桑那号战列舰，在日本的航空母舰中，可谓"战功赫赫"。

苍龙号

日本第一艘自己设计和建造的航空母舰凤翔号是1922年服役的。之后，日本开始利用赤城号和加贺号战列巡洋舰改装航空母舰，还设计了一艘排水量1万吨以下的轻型航母——龙骧号。苍龙号是日本建造的第五艘航母，建造在凤翔号、赤城号、加贺号、龙骧号之后。按日本自行设计和建造的标准来说，它是仅次于凤翔号的一艘航空母舰。

苍龙号的前世今生

苍龙号生不逢时，在建造时赶上了日本的困难时期，也就是我前面提到的《华盛顿海军条约》的限制。除去战列舰、重巡洋舰、巡洋舰、驱逐舰、航空母舰，当时日本舰艇还剩下2.1万吨的吨位。日本打算用这些吨位造两艘航母，在有限吨位上去设计航母，就显得捉襟见肘了。

那么，应该怎么设计呢？当时设计师提出了两个方案。一是造航空巡洋舰 [1]，根据《华盛顿海军条约》的规定，造航空巡洋舰允许超过25%的吨位，所以这艘航空巡洋舰可以设计成排水量1.75万吨，航

---

[1] 航空巡洋舰是巡洋舰和航空母舰的结合体。

速 36 节，飞行甲板前面是三层的炮台，装双 203 毫米口径炮塔，主炮放在飞行甲板前面，后面的飞行甲板搭在高处。

1934 年，设计师又提出第二个方案：只造排水量 1 万吨的航空巡洋舰，配双连装和三连装的 203 毫米口径主炮各一座，双连装的 127 毫米口径炮是 10 座 20 门。飞行甲板设计得很怪异，前端宽 23 米，上层建筑附近舰岛和烟囱在此处融合，此处突然增加了 40 米，成了箭头状。

因为《华盛顿海军条约》限制了舰艇的总吨位、单舰吨位，所以日本想在有限的吨位下多装炮弹，就没给飞行甲板留出足够的空间。这时，日本出现了历史上非常著名的"友鹤号事件"。

"友鹤号事件"我们前面提到过。友鹤号作为一艘新艇，还没参战就自己沉没了，调查的结果是它的重心偏高，设计师藤本喜久雄要负主要责任。关于藤本喜久雄，我们前面也介绍过一些，他是个前卫派，喜欢应用大量的高新技术，这种想法虽然是可取的，但把太多的高新技术放在一起，有时候会不兼容，结果就会适得其反。藤本喜久雄是造舰鬼才，想象力非常丰富，苍龙号也是他设计的。此外，他还设计了日本最上级的重巡洋舰，他的成名作是吹雪级驱逐舰[①]。由于设计水平比较高，他在 39 岁就成了造船界的领军人物，升到造船专业技术少将，还参与了大量战列舰的设计工作。

---

① 吹雪级驱逐舰是日本海军建造的一种大型驱逐舰，也叫作"特型驱逐舰"，是《华盛顿海军条约》生效期间世界上最强大的驱逐舰。但因为在有限吨位的船体上安装了大量武器，吹雪级驱逐舰的适航性比较差。

由于《华盛顿海军条约》对单舰吨位和总吨位的限制，日本的舰艇数量少了，为了保证单舰作战能力有所提升，整个舰队的作战能力不受影响，就只能在舰艇上多装武器。友鹤号就是典型的小马拉大车。藤本喜久雄不到 40 岁就成了日本的学科带头人、专业技术少将，还设计了苍龙号航母与各类巡洋舰、战列舰，这期间他得罪了日本的另一位舰艇设计师平贺让。平贺让是专业技术中将，同样很厉害，设计了加贺号、大和号、长门号等知名战舰。平贺让的设计思想正好跟藤本喜久雄相反。平贺让是四平八稳的、传统成熟技术集大成者，不看好创新、采用高新技术的思路，也看不上藤本喜久雄，认为他标新立异，总是攻击他。

"友鹤号事件"一出，调查委员会查出是友鹤号舰艇重心过高，装的东西太多所致。平贺让于是经常找藤本喜久雄谈话，以致藤本喜久雄于 1935 年 1 月抑郁而死，年仅 47 岁。

藤本喜久雄死后第二年，又出了"第四舰队事件"。调查委员会表示是舰艇设计强度有问题，所以此后日本在舰艇制造上开始走上稳健型道路。

在这种背景下，苍龙号右舷的上层建筑虽然保留下来了，但烟囱向下弯曲，有点像加贺号的设计，放在右舷上层建筑下面，烟往海面吹，防止烟雾给飞行员造成不利影响。苍龙号舰体采用重巡洋舰的舰体，35 节航速，排水量比赤城号、加贺号小一半，但是性能还不错，双层机库，全通式飞行甲板，前中后有三部升降机，能载 57 架飞机，装 6 座双 127 毫米口径炮。

苍龙号上的新技术主要体现在舰位的着舰标识、首次装了横向阻

建设中的苍龙号

拦索，这些设计在日本以后的航空母舰上被保留下来，成了标配；弊端是它的防护性能差一点。苍龙号最猖狂的时候就是在印度洋作战那段时间，从印度洋回来之后，它没有赶上珊瑚海海战，和飞龙号一起被编入第二航空战队，当时的司令是山口多闻少将。

　　1942 年 6 月 4 日，苍龙号参加中途岛海战，过程中 3 枚炸弹落在它飞行甲板的三部升降机前面，引爆了炸弹和鱼雷，导致全舰大火，火势向下蔓延到鱼雷库引发了大爆炸。

　　苍龙号从 6 月 4 日早上 10 点 25 分中弹，之后舰上接连发生爆炸，燃起大火。中弹后 20 分钟，也就是 10 点 45 分，舰长柳本柳作下令全员弃舰，并命令所有人撤离，但他自己还坚守在战位舰桥上。士官们好几次试着上去把他拉下来，他就不肯下来。柳本柳作在舰上一直手握指挥刀，最后站在舰桥上被活活烧死。苍龙号前后一共烧了8个多小时才沉没，舰上1103人阵亡了718人。舰长柳本柳作死后第二年，日本军方追授他为海军少将。

2009年，日本服役的苍龙级新常规潜艇借用了苍龙号航母的名字，苍龙级潜艇现在是日本最好的常规动力潜艇，造价42亿元人民币，是不依赖空气的AIP潜艇[①]，潜航排水量4200吨，这在常规潜艇中算是非常大的了。

苍龙号炸毁亚利桑那号

1937年七七事变之后，日本从两条战线对中国实行侵略，一是在华北、东北地区发动战争，另一个就是在东线发动了淞沪会战。在第二次淞沪会战的同时，日本在1937年底侵占了南京，进行了泯灭人性的南京大屠杀，1938年2月就基本占领了南京。

苍龙号航空母舰在1937年底服役后，第一次作战就开赴中国沿海，1938年4月对南京进行了空袭。这时南京已经被日军占领了，此次空袭主要是依托南京，配合日本陆军在纵深方向夺取制空权，对地面目标进行打击。

1938年10月，苍龙号又参加了对广州的空袭，同样是支援陆军作战。

---

① AIP潜艇是一种比较先进的常规动力潜艇，能够和核潜艇一样长期在水下航行，不需要经常上浮充电。

在中国战场取得一些作战经验后，苍龙号在 1941 年 7 月左右，和飞龙号一起空袭法属印度支那①。当时法国在纳粹德国的打击下很快就投降了，它在远东的殖民地法属印度支那也很快被日本占领。占领了法属印度支那之后，苍龙号和飞龙号这两艘航空母舰就开始参加偷袭珍珠港的模拟训练。

当时，日本在九州附近找了一些和珍珠港类似的岛屿进行海域模拟练习。练习半年多后，1941 年 12 月 6 日，日军从择捉岛单冠湾起航前往珍珠岛，对珍珠港进行空袭。

日本偷袭珍珠港的始末大家都比较熟悉，这里就不赘述了。这次战役中有一艘战列舰特别有名，叫亚利桑那号，排水量 3.65 万吨，是一艘非常大的战列舰。这艘舰算是当时美国非常先进的舰艇，侧面的主装甲带②装甲厚度为 343 毫米，舰桥上装甲厚度为 406 毫米，最厉害的是主炮塔，其装甲厚度为 457 毫米，约半米厚。

这艘战列舰有将近三分之一是这种装甲，听起来像是不可战胜的，大炮、炸弹都不可能伤到它。这也表明在大舰巨炮时代，很多秉持传统思想的海军指挥官不相信舰载机的作用。结果，在作战的时候，苍龙号一枚炸弹正中亚利桑那号的 4 号炮塔。由于炮塔的装甲有 457 毫米厚，炸弹没有爆炸，但炮塔是倾斜的，炸弹滑下来掉到甲板上，这才引爆了。炸弹一爆炸大火就钻到下层的指挥舱，换句话说，第一枚炸弹在炮塔上滑下来以后在舰上爆炸了。紧接着，

---

① 指现在的越南、老挝、柬埔寨，当时被法国占领。
② 指舰艇的侧面，大约水线以上的主装甲区。

日本带队的飞行队长近藤大尉，在 3200 米高空投了一枚 800 公斤的炸弹，命中亚利桑那号的前甲板。当时战列舰上有弹射器，主要用于弹射水上飞机，这次造成了弹射器的火药库爆炸。弹射器火药库爆炸诱爆了主炮塔的火药库，造成二次爆炸。炮塔从外往里炸不穿，但从里往外炸威力巨大，炮塔一被震断，整个亚利桑那号的上甲板就被掀起来了，之后舰艇就进水了，舰首沉到水里去了。

亚利桑那号

　　亚利桑那号从中弹到燃烧大约只有 7 秒钟，舰上的人员还没来得及反应，黑红色的烟柱就蹿了 300 多米高，亚利桑那号瞬间沉没。亚利桑那号上 1177 名官兵阵亡，到现在还有 945 个人没有被打捞上来，他们有的在舱室里，有的在炮位上战斗。

1962 年，时任美国总统肯尼迪批准在亚利桑那号沉没的地方修建美国国家纪念陵园——亚利桑那纪念馆。这个纪念馆从 1962 年开始修建，1980 年落成。大家去夏威夷旅游时可以去参观，这个纪念馆非常庄重，穿一身白色海军服的士兵会引领游客参观，并负责讲解，还有很多有仪式感的内容。

亚利桑那纪念馆是建在水上的，水下就是沉没的亚利桑那号，900 多名阵亡船员的尸骨还在里面。纪念馆有一个设计特别好，纪念馆是水泥建筑，上面立着一根很高的旗杆挂着一面美国国旗，旗杆一直穿过纪念馆接到下面沉没的亚利桑那号的最上层建筑上，跟原来挂旗杆的主桅是连在一起的，这设计太有想象力了。

击中了亚利桑那号的飞机叫 99 舰爆（即 99 式舰上轰炸机，以下简称"99 舰爆"）。这种型号的飞机特别重要，也叫舰载轰炸机。1939 年，这一型号的飞机刚建造出来，代表着当时世界最高水平。1937 年 11 月，德意日轴心建立，意大利加入了《反共产国际协定》。德国一开始是帮助中国的，帮助蒋介石建立了德械师，还有很多军事顾问在中国，帮中国军队训练，德械师用的武器、戴的钢盔全是德式的。但后来德国慢慢跟中国断绝了关系，停止给中国提供武器，开始帮日本发展装备。德国喷气式飞机的发明者亨克尔给日本提供了很多秘密技术，所以 99 舰爆才得以快速研发制造成功。1939 年，它在空袭中国华南地区的时候发挥了重大作用。偷袭珍珠港、击沉亚利桑那号的也主要是这种轰炸机，这一型号的 99 舰爆也是二战时击沉军舰最多的轰炸机。

硬 核 知 识

现在的轰炸机都是几十吨，甚至 100 多吨重，但当时的轰炸机是舰载的，不能太重。99 舰爆起飞重量是 4 吨，包括 2 名乘员，时速 430 公里，飞行高度 1 万米，下边携带一枚 250 公斤的炸弹，主翼一般带 4 枚 60 公斤的炸弹，如果带很重的炸弹，主翼下面的炸弹就不用带了。偷袭珍珠港的时候，正好是日本优秀飞行员最多的时期，大家训练了半年都憋着股劲儿，所以打得非常准。到了后期，尤其是中途岛海战以后，日本的飞行员质量就下降了。不管多先进的飞机，没有好的飞行员也无法实现最大的威力，最后日本出现了神风特攻队自杀式飞机，这类飞机成了美国的靶标。

日本在东南亚的战争

日本偷袭珍珠港，打败了美国太平洋舰队。与此同时，日本还南侵东南亚，在马来亚海与英国海军展开正面交锋，排水量近 4 万吨的英国皇家海军威尔士亲王号战列舰被击沉。

由于受国际日期变更线的影响，东南亚战役的开始时间正好和日本偷袭珍珠港差一天。日本偷袭珍珠港发生在国际日期变更线的东侧，那天是 12 月 7 日，而东南亚战役发生在它的西侧，那天是 12 月 8 日。说起来是两天，其实这两场战役是同时发生的。顺便一提，攻打中途岛的时候，美国的作战计划虽然很周密，却忘了国际日期变更线，这是很严重的失误，会导致约定开战的时间相差一整天。

日本在偷袭珍珠港的时候，在东南亚差不多同时展开了三场大的战役：一个是山下奉文中将展开的马来战役，主要攻打新加坡、马来亚；另一个是本间雅晴中将负责的菲律宾战役，这场战役俘虏了美国和菲律宾共 7 万多人，制造了臭名昭著的"巴丹死亡行军"；还有就是家喻户晓的日本侵华战争，酒井隆中将率军攻打香港。

当时，英国处于非常窝囊的时期。1939 年 9 月 1 日欧洲战场爆发了战火，刚开始英国和法国共同抵抗纳粹德国，之后法国投降，英国孤立无援。1941 年 8 月，英国首相丘吉尔要求美国总统罗斯福对英国进行支持。

罗斯福在威尔士亲王号战列舰上签署了《大西洋宪章》，美国政府表示要对正在进行作战的英国和苏联提供支持。美国还于 1941 年 3 月通过了《租借法案》。大西洋航线开启后，美国开始源源不断地给英国和苏联运输装备。英美两国元首是在威尔士亲王号上签署《大西洋宪章》的，所以它是一艘具有纪念意义的舰艇。1941 年 8 月，丘吉尔和罗斯福签订完《大西洋宪章》后，商议着从亚洲战场当时的战况来看，对日本也要提前防范。没想到 4 个月之后，日本就偷袭了珍珠港。这时英国派威尔士亲王号战列舰带着反击号战列巡洋舰，以及 4 艘驱逐舰组成一个 Z 舰队来到远东，它担心英属殖民地被日本占领了。这支舰队由菲利普斯海军中将从大西洋率队而来，12月4日到了新加坡。刚到4天，也就是12月8日，战争就爆发了。这时日本已经占领了法属印度支那，即越南、老挝、柬埔寨等地。

酒井隆中将把他的第二十二航空战队部署在新加坡，很快派出飞机炸毁了英军在马来亚机场的250架飞机，又用80架陆攻机^①打英国的海军舰艇——陆攻机携带的炸弹比较大，能携载约500公斤的炸弹，最后还投射了鱼雷。威尔士亲王号身中6枚鱼雷，殒命沉没。偷袭珍珠港时，美国太平洋舰队损失了一大半，而这次作战英国一个舰队没了，威尔士亲王号排水量将近4万吨，反击号战列巡洋舰排水量有3.8万吨，仅这两艘舰艇就牺牲了800多人，菲利普斯中将想自己乘着小艇下海，结果也被淹死了。

日本在印度洋的战役

1942年4月，马来亚战役和菲律宾战役基本都结束了，美国、英国、法国、荷属东印度群岛以及澳大利亚，几乎都被日本打败了。当然，澳大利亚最后没有被攻占。就在这时，日本想把自己的舰队开到印度洋，扫荡英国在印度洋的远东舰队，消灭英国的海上机动舰队，从而控制英国的殖民地，主要想占领印度、斯里兰卡。印度和斯里兰卡当时都是英国的殖民地，占领它们后，就能切断英国盟军从波斯湾、地中海到太平洋的海上交通要道，日本将拥有这一区域

---

① 陆上攻击机的简写。

的制海权，这是一个大战略。

为了配合这一战略，日本开始组建印度洋特混舰队，这支印度洋特混舰队的总指挥是南云忠一。这支舰队一共有 6 艘航空母舰、350 架舰载机，主力舰艇很多，包括 4 艘战列舰、7 艘巡洋舰、19 艘驱逐舰、5 艘潜艇。南云忠一率领 6 个航母战斗群浩浩荡荡地开到了印度洋。

到印度洋以后，南云忠一侧重寻歼英国的远东舰队，当时英国的远东舰队主要部署在两个地方：一是锡兰[①]，二是孟加拉湾。当时除印度、孟加拉国、巴基斯坦、缅甸外，安达曼群岛[②]也是英国的殖民地，在布莱尔港一带，现在是印度的军事基地。英国在斯里兰卡到安达曼群岛，再到孟加拉湾这一带活动的远东舰队，一共有 3 艘航母、5 艘战列舰、6 艘巡洋舰、15 艘驱逐舰、5 艘潜艇，由海军上将萨默维尔指挥。

相对日本的 6 艘航母，英国的作战能力差一些。英国本来还有一支舰队，但那支舰队在新加坡被歼灭了，菲利普斯中将出师未捷身先死。日本方面，南云忠一是印度洋舰队的总指挥，下面两个特混编队兵分两路，一路由近藤信竹中将指挥，另一路由小泽治三郎中将指挥。

1942 年 4 月 4 日晚上，一架英国侦察机从科伦坡起飞进行海上侦察。它返航时发现了日本的金刚号战列舰。金刚号是近藤信竹中将指挥的特混舰队的先导舰，这支特混舰队由 5 艘航空母舰、4 艘战

---

① 就是现在的斯里兰卡。
② 从南海走马六甲海峡出去之后，有一系列岛屿叫安达曼群岛。

列舰、2艘重巡洋舰、9艘巡洋舰和驱逐舰组成，从荷属东印度群岛出发。金刚号也发现了英国侦察机，为了防止英国侦察机回去报信，金刚号发电报紧急呼叫航空母舰的舰载机击毁英国侦察机。飞龙号出动临时战机把英国侦察机击落，然而英国侦察员在临死之前还是发出了电报，报告发现日本舰队来袭。

科伦坡港内因此拉响警报，这时港内停泊着4艘英国军舰，两艘一直在大修，拆解后没法挪动，剩下两艘重巡洋舰多塞特郡号和康沃尔号立刻逃离。第二天，即4月5日，近藤信竹舰队派了125架战斗机空袭科伦坡，把港内舰船都摧毁了。第一波攻击结束之后，日方舰载机加油加弹开始进行第二波攻击，这时鱼雷机也在换装炸弹，准备对港口内地面目标进行打击。为什么要来回换弹药呢？因为面对海上军舰和地面目标，使用的武器是不一样的。这一策略有点像后来的中途岛战役，来回换弹药——打击海上军舰需要使用鱼雷，打击地面目标需要使用炸弹。

金刚号战列舰

日军正在卸鱼雷装炸弹时，空中侦察机报告，在锡兰（现斯里兰卡）西南 200 海里发现两艘英军舰艇，多塞特郡号和康沃尔号重巡洋舰，它们的航速是 26 节，正迎头驶来。当时没有卫星，也没有预警机，近藤信竹中将不知道这两艘舰是单独的海上编队还是航空母舰的先导舰。如果是航空母舰的先导舰，那后面还有航空母舰，上面势必有上百架舰载机，这就意味着双方要进行大规模的空战。而不管是卸下炸弹换装鱼雷还是卸下鱼雷换装炸弹，换装过程都要耗费近两个小时，于是近藤信竹决定暂时停止换弹，机上装什么就用什么。

近藤信竹的指挥比南云忠一要略胜一筹，他作战之前留了一个预备队在赤城号、苍龙号、飞龙号三艘航空母舰上，保留了 53 架 99 舰爆。这 53 架 99 舰爆由少佐江草隆繁负责，此人是苍龙号飞行队队长，在当时非常有名。近藤安排江草隆繁带领 99 舰爆攻击队起飞，起飞以后每 3 架飞机组成一个编队，每架飞机上携带 250 公斤炸弹，炸弹穿甲 50 毫米。英国两艘重巡洋舰遭到了 52 枚 250 公斤炸弹的攻击，康沃尔号中了 15 枚炸弹，5 分钟后沉没，多塞特郡号中了 31 枚炸弹，13 分钟后沉没。两艘排水量 1.3 万吨的重巡洋舰被炸弹命中之后，没超过 13 分钟全沉没了，跟纸糊的一样。其中重巡洋舰多塞特郡号曾在 1941 年 5 月 26 日，参与了击沉纳粹德国最强大的战列舰——俾斯麦号的行动。战斗中俾斯麦号承受了英国海军的轮番炮击，依然没有沉没，最后是多塞特郡号带头冲了上去，向俾斯麦号发射鱼雷。如今，很多人都在争论俾斯麦号到底是谁击沉的，很有可能就是多塞特郡号。

这么厉害的多塞特郡号一眨眼就被日军击沉了，这可以和现在所说的精确制导炸弹、激光制导炸弹比肩，按现在的计算方式，命中率80%以上就算精确制导炸弹。江草隆繁少佐带领的53架99舰爆，投弹52枚，命中46枚，命中率约为88%。当时是没有制导炸弹的，所有炸弹都是无制导的，从两三千米的高度投弹，下面的军舰在机动，舰爆机也在飞行，还有防空炮火，在这种情况下，88%的命中率基本上是空前绝后的。

然而，一切都还没结束……

1942年4月9日，打了胜仗的近藤信竹舰队继续在海上寻找英国的有生力量，在斯里兰卡亭可马里海军基地附近又找到了一艘大家伙——英国竞技神号航母。英国在航空母舰发展上一直跟日本争第一，英国发展航空母舰是世界上公认最厉害的，竞技神号算是英国第一艘自行设计建造的航空母舰。但是按照服役时间来算，竞技神号1923年完工，日本后来居上，凤翔号拿到了第一，竞技神号第二。近藤信竹发现了竞技神号，这艘航空母舰当时正好在港内维修。英方听到空袭警报后，就命令竞技神号赶紧撤离，撤离过程中它成了"光杆司令"。因为航空母舰在港内维修时，舰上的航空联队是不随舰走的，只有出海作战时才配属。航空母舰没有舰载机就没有作战能力，只能靠着防空炮防御，亭可马里又在英国二级飞机的掩护半径之外，因此竞技神号的防御能力更弱了。

日军发现竞技神号后，20分钟投了37枚250公斤的炸弹，很快就击沉了竞技神号。竞技神号上300多人阵亡，给它护航的5艘舰艇也都被击沉。经过几天的交战，英国远东舰队基本上被消灭殆尽。

日本之前偷袭珍珠港,美国太平洋舰队损失一大半,还不到半年时间,又消灭了英国远东舰队,战绩包括:英军1艘航空母舰、2艘重巡洋舰、3艘驱逐舰护卫舰、40多架飞机,还有两三艘民用船只。

1942年4月,亚洲的英军已经被日军赶跑了,此时的香港、新加坡、马来亚都沦陷了,印度等地的英国海军也都逃走了,跑到非洲肯尼亚一带躲避战火,1944年以后才重返亚洲战场。

其间,有件特别奇怪的事。英军本来做好了日军在印度登陆、占领印度大陆的准备,但日军消灭了英国远东舰队、夺得制海权以后,却没有立刻在印度、巴基斯坦、斯里兰卡登陆,而是往回撤退了,要知道1592年丰臣秀吉就想越过青藏高原占领印度。仔细分析历史后,我个人认为日军撤退有以下两个因素。

第一,丘吉尔在他的回忆录中讲过"感谢中国",由于中国战场牵制了日本大量的军事力量,导致日本没有进攻印度。

第二,日本发现美国从巴拿马运河往太平洋调兵,主要是调度大黄蜂号航空母舰,日本担心大黄蜂号过来之后,战线拉得太长。1942年4月9日打完,10日日军就赶紧回撤到中太平洋,不敢把"手"伸得太远。事实证明,日本撤军的举动是正确的。因为日本撤军后一周左右,大黄蜂号就起飞了16架B-25战略轰炸机(以下简称B-25),杜立特空袭东京,5月4日到8日,发生了珊瑚海海战,再接下来6月4日又发生了中途岛海战,苍龙号、飞龙号都被击沉了。这以后,日军就在中太平洋这一区域鏖战。

有别于赤城号与加贺号是战列巡洋舰和战列舰改装的,苍龙号最早的设计是航空战舰,后来改装为专职的航空母舰。1942年中途岛海战中，苍龙号遭到美国海军约克城号航空母舰的俯冲轰炸机攻击，中弹起火沉至海底。

苍龙号航空母舰（1941 年）

性能参数	
满载排水量	2.03 万吨
全长	227 米
功率	15.3 万马力
最高航速	34 节
乘员	1103 人
舰载机	
战斗机	零式舰载战斗机 21 架
轰炸机	99 式舰载轰炸机 18 架
攻击机	97 式舰载攻击机 18 架
武装	
防空火力	89 式 127 毫米口径高射炮 12 门
	96 式 25 毫米口径机枪 28 挺

飞龙号：

插翅也难飞

美日大战中途岛，日本喧嚣一时的赤城号、加贺号、苍龙号、飞龙号均在此役中沉没。作为一个战略基地，中途岛为何如此重要？中途岛海战有着多少鲜为人知的秘密？飞龙号在这次转折性的海战中又扮演着怎样的角色？

刚竣工不久的飞龙号

1942 年 6 月 4 日，日本偷袭珍珠港半年后发生了一场重大的海战——中途岛海战，这场海战我们在本书中不止一次提到。对日本来说，这场海战把它从顶峰拉至低谷，损失了 4 艘航空母舰的日本海军从此再也嚣张不起来了。这场战役也是太平洋战争的一个重大转折点。日本的赤城号、加贺号、苍龙号、飞龙号全在这场战役中沉没。

中途岛海战——日本海军从顶峰跌落

中途岛是一座 5 平方公里的小岛，距离美国西海岸 5000 公里，距离日本 4500 公里，位于日本和美国的加利福尼亚中间，具有重要的战略意义。美国把这个岛看作太平洋上的一个跳板，如果在中途岛上修建机场，它就是一艘不会沉没的航空母舰，美国可以直接在这座岛上派出飞机对日本发起轰炸。而日本的想法和美国一样，企图占领中途岛后攻击美国的西海岸。

从日本到中途岛要经过国际日期变更线，从西往东越过变更线，日期会减一天。国际日期变更线附近在中途岛海战以前，基本上都被日本占领了，包括荷属东印度群岛、菲律宾、关岛、塞班岛、硫磺

中途岛环礁，中途岛实际上是由东岛（Eastern Island）和沙岛（Sand Island）组成，前者建有三条跑道，后者则有机库、军营等若干军事设施

岛 ①，以及太平洋的一些岛屿。在这种背景下，日本一心要把中途岛夺下，志在必得。

① 硫磺岛 1968 年被日本收复，二战时是美国重要的机场，B-29 战机都能在此起降。

中途岛海战日本的战略部署

日本发动中途岛海战的主要战略目的之一是：山本五十六想诱歼美国的航空母舰。美国的航空母舰是日本的一大心病，山本五十六想通过攻打中途岛，实行围点打援，在美国支援中途岛的机动过程中，歼灭对方的航空母舰。

山本五十六对中途岛海战抱有必胜的决心，因为偷袭珍珠港后，美国的太平洋舰队已经损失了一大半，战列舰全军覆没，只剩下巡洋舰、驱逐舰一类的舰种，航空母舰只有企业号、大黄蜂号、约克城号，而约克城号在珊瑚海海战时还负了伤。

日本此时却处于军事实力的鼎盛时期，偷袭珍珠港时有 6 艘航空母舰参战，转战印度洋又有 6 艘航空母舰参战，不仅歼灭了美国太平洋舰队的一大半舰种，还基本上全歼了英国的远东舰队，连排水量 4 万吨的威尔士亲王号战列舰都被击沉了，竞技神号航空母舰也没幸免，日本海军当时可以说是所向披靡，无人能敌。这时山本五十六就想打扫战场，认为中途岛海战是最后一战，此后在太平洋再也见不到美国的影子了。这场海战山本五十六组织了 200 多艘舰艇和 500 多架飞机，日本海军 90% 以上的兵力全都被调了过来。

山本五十六组织了四支主要部队。

第一支是佯攻部队，主要是北方部队，由第五舰队司令官细萱戊子郎海军中将率领，配备的是一些比较差的航空母舰，如龙骧号、隼鹰号，这两艘都是护航航母，还有若宫号，用来运载水上飞机。这支部队本来负责在阿留申群岛一带佯攻，结果细萱戊子郎居然在

航母档案·日本卷

阿留申群岛真的和美国接上了火，还在美国阿拉斯加登陆了，把山本五十六气得够呛。

第二支是中途岛登陆部队，负责在中途岛进行登陆，夺取制空权、制海权，摧毁中途岛的防空目标，由第二舰队司令官近藤信竹海军中将率领。1942年4月，近藤信竹在印度洋率领以赤城号、苍龙号、飞龙号为主的航空母舰把竞技神号航空母舰击沉了，基本消灭了英国远东舰队。这次行动给近藤的部队配备了瑞凤号、千岁号、神川丸号航空母舰。当时日本的航空母舰有十几艘，总体分为两类：一类是舰队航母，另一类是护航航母。近藤信竹部队这次配备的航母主要是护航航母，除瑞凤号实力还可以，其他几艘的性能都不太高，排水量只有1万吨左右。

第三支是增援部队，主要由7艘战列舰构成，凤翔号也被编入这支部队，由日本联合舰队司令长官山本五十六大将亲自率领，在离中途岛2000多公里的后方增援。这支部队的主要作用是等主攻部队打得差不多后，把敌方舰队击沉，扩大战果。

第四支，也是最主要的一支是海上机动编队，负责主攻方向。海上机动编队的总指挥是第一航空舰队司令南云忠一中将。南云忠一不善指挥也不善战，基本上指挥一场战役就败一场，经常犯一些低级错误，但不知道出于什么原因，山本五十六很重用他。其实，南云忠一手下有很多水准很高的将领，但是山本五十六总是任命他指挥作战，印度洋作战、中途岛海战、偷袭珍珠港都是他领军的。南云忠一的舰队叫第一航空舰队，这支舰队是针对航空母舰来讲的，南云忠一又把手下4艘航空母舰分为两个航母战队。他亲率的第一航母战队由赤城号、加贺号组成，第二航母战队由山口多闻率领，由苍龙号、飞龙号组成。

中途岛海战的过程

中途岛海战是一场非常复杂的战役，前文提到，赤城号、加贺号、苍龙号、飞龙号这四艘航空母舰都在这次战役中沉没。从日本的角度来看，整个作战过程分为四回合。

第一回合双方对攻，在这一回合中日本稍微占了点儿便宜。1942年6月4日，南云忠一派出7架侦察机，对中途岛及周边50万平方公里进行侦察，目的是确保双方交战的范围内没有美国的航空母舰。凌晨4点30分，赤城号、加贺号、苍龙号、飞龙号4艘航空母舰起飞了108架飞机，从西北方向飞往中途岛，实行战略突袭，对中途岛造成很大的破坏。

第二回合是空中攻击部队的总指挥官友永丈市大尉带领4艘航空母舰的舰载机进行作战。虽然凌晨4点多的第一波攻击对中途岛造成了很大的破坏，但很多机场、港口、码头等基础设施并没有被彻底摧毁，所以友永丈市申请进行第二次攻击，意图把这些设施都摧毁后，再登陆中途岛，以消灭岛上主要火力点。这个请示受到南云忠一的重视，南云忠一和参谋人员商量后下达命令，支持友永丈市对中途岛进行第二轮空袭，下令让鱼雷机全都卸下鱼雷换装炸弹。

南云忠一认为对地面打击时，不能用鱼雷，鱼雷不能炸机场，所以卸下鱼雷换装炸弹，但是这个过程至少要耗费一小时，慢了可能需要两小时。在这之前，派出去的 7 架侦察机分别在 7 个方向对中途岛及周边 50 万平方公里进行侦察。其中有一架侦察机因为弹射器坏了，推迟了 30 分钟起飞，它到达任务区巡逻的时间也就顺延了半个小时。当它到达任务区后，飞行员发回报告说在距中途岛 400 公里处发现 10 艘美国舰艇。南云忠一的参谋接到报告后立刻向他报告，南云忠一大吃一惊，命令继续侦察。结果，侦察员回复侦察到的是美国航母。这对日本来说，无疑是晴天霹雳，如果他们被美国舰队发现，美军肯定会第一时间发动舰载机进行攻击。这时日本舰上正在卸下鱼雷换成炸弹，南云忠一赶紧下令，停止把鱼雷换成炸弹，而且要把换好的炸弹重新换回鱼雷，这一过程又折腾了一个多小时。结果机库里到处都是加满油的飞机、卸下来的炸弹和换装的鱼雷，机库隔壁是容积 50 万公升的航空汽油库，非常混乱。

第三回合，日本 3 艘航母被击沉。南云忠一下令在舰上换鱼雷后，调整了 4 艘航空母舰的队形，飞龙号、苍龙号、赤城号、加贺号排成菱形，飞龙号在前，苍龙号在左翼，赤城号在右翼，加贺号殿后。舰队转向攻击队形之后，得逆风而行，因为舰载机顶风起飞能借助风力托起，所以舰队就顺着西风往西北方向开，寻找西风。在航行过程中，美国的飞机来了，包括企业号航空母舰起飞的战机和中途岛上起飞的战机。日本的航母派出零式战机防空，掩护其他攻击机起飞作战。两轮作战之后，零式战机的燃油消耗光了要降落，但航母甲板上堆的全是炸弹和鱼雷，很多满油满弹的飞机还都没起飞。它们没法起飞是因为原来装的是炸弹，现在要打航母必须换鱼雷，这就造成了要起飞的飞机飞不起来，要降落的飞机降落不了的局面。防空的零式战机原来是在五六千米上空警戒的，但前几轮美国飞机在低空攻击日本航母，零式战机就被吸引到 2000 米到 3000 米低空的高度开战，等于高空没飞机警戒了。

这时美国飞机隐藏在 3000 米以上接近日本的航空母舰，到了早上 7 点 23 分，企业号航母起飞的 33 架轰炸机，分 4 组从左后方接近敌方。当时日本航母方面加贺号是殿后的，挨着加贺号的是赤城号，赤城号被一枚 450 公斤的炸弹命中，炸弹从前面升降机直接贯穿到机库，引爆了里面的飞机、炸弹、鱼雷、油库，接着发生了二次爆炸，导致 270 人被烧死。南云忠一当时在赤城号上，直接用软梯转移到长良号巡洋舰上去了。加贺号被 4 枚 450 公斤的炸弹命中，舰桥被炸断后，几秒内舰上的指挥官全军覆没。1 分钟后，苍龙号也中了 4 枚 450 公斤的炸弹。前后加起来 5 分钟左右的时间内，日本 3 艘航空母舰基本上就报废了。

第四回合，飞龙号一看兄弟舰都中弹了，发起绝地反击。上午 10 点 40 分，飞龙号在山口多闻的指挥下展开了第一轮反击，向约克城号投了 3 枚 250 公斤的炸弹，约克城号起火失去了动力。下午 1 点 40 分，友永丈市带领飞龙号仅剩的十几架飞机，装上鱼雷，再次去袭击约克城号，结果再次命中约克城号。友永丈市在中途岛海战中，临时被委任为飞龙号的飞行队长，统领 4 艘航母的 36 架俯冲轰炸机、36 架水平轰炸机和 36 架零式战机。日方 3 艘航空母舰被击沉之后，友永丈市的轰炸机因为长时间在空中作战而受损漏油。这次作战只剩一半油料时，战友们都劝他连续作战太劳累了，换其他人上场，但他坚持不肯。即使战友告诫他飞机油箱没油，勉强参加战斗只会有去无回，他仍坚持装弹参战。最后他的飞机被击落，机毁人亡。

　　下午3点，约克城号舰载机起飞反攻飞龙号。因为飞龙号航母连续对约克城号发起两轮空袭，约克城号马上要沉没，所以它的舰载机一定要起飞，就算不反击飞龙号，也得转移到企业号和大黄蜂号上。约克城号的舰载机起飞后，到处寻找飞龙号。飞龙号的队员从凌晨作战持续到下午将近傍晚时分，十几个小时没吃饭，飞行员都饿得不行了。他们对约克城号发起两轮攻击后，都以为约克城号被击沉了，空中威胁也解除了，就放心地开饭了。不料飞行员正在吃晚饭时，约克城号的舰载机飞到他们头顶，投下4枚450公斤的炸弹，命中飞龙号。第二战队司令山口多闻少将和加来止男舰长与飞龙号共沉。

飞龙号正在回避美军 B-17 的攻击

南云忠一一看这个战争结果就想自杀，但自杀未遂。中途岛海战日本4艘航空母舰就这么被击沉了，之后日本政府"秘不发表"，对中途岛海战的结果严格保密，过了三个多月才对外宣布。这是350年来日本海军第一次打败仗。此后，日本在整个太平洋战争中的力量对比基本上就江河日下了。

中途岛海战中遭到轰炸而起火燃烧的飞龙号

山口多闻少将

偷袭珍珠港时，日本做的预案是：对珍珠港发动第一波攻击，攻击它的岸上防空设施，摧毁飞机和机场；第二波攻击摧毁美军的战列舰、巡洋舰，以及停靠在港口的军舰。结果两波攻击之后，美国没反应过来，还以为是在军事演习。这时山口多闻少将就建议南云忠一中将，乘胜追击把美国的油库和造船厂全部摧毁。南云忠一表示原来的作战方案没这部分计划，再打下去，万一美国的航空母舰出来拦截，日本的军队就死定了，于是赶紧撤退。南云忠一谨小慎微，还是山口多闻厉害。

山口多闻的经历跟山本五十六一样，年轻时都在美国担任过驻美武官，所以对美国了解得比较透彻。在开始打仗前内部讨论的时候，其他人说要打美国，他就坚决反对，说等美国人反应过来，日本就只有死路一条。结果东条英机反驳，不等美国人反应过来他们就已经死定了，于是日本先发制人偷袭了珍珠港。山口多闻没有办法，因为军人要服从命令，服从天皇，所以最终，偷袭珍珠港导致日本和美国开战了。

在日本海军的发展过程中，当时很多指挥官都认为大舰巨炮制胜，反对发展航空母舰，认为航空母舰没太大作用。山口多闻和山本五十六却坚持要发展航母，他们在航母舰载机夺取制空权这方面，很有战略头脑，比美国人想得都早也都远。

山口多闻在中途岛海战中担任飞龙号的指挥官，他接到南云忠一把炸弹拆下来换鱼雷的命令时，暴跳如雷，大骂这个"老浑蛋"怎么能下这种命令。结果证实这确实是个错误的命令。现在回过头来看，山口多闻的意见是对的，飞机装什么就是什么，炸弹适合打港口机场没错，但在印度洋作战时同样炸沉了很多舰艇。所以，当时如果听山口多闻的指挥，也许日本就不会在中途岛海战中损失4艘航空母舰。南云忠一的确指挥错误。

赤城号、加贺号被击沉之后，南云忠一转移了位置，山口多闻眼见3艘航空母舰都沉没了，就开始越权代替舰队指挥，后期飞龙号两次反击打得很好，把约克城号打败了。但是山口多闻在飞龙号沉没之前，组织舰员到飞行甲板集合训话，这一行为引起较大争议。当时飞行甲板已经倾斜30多度，人在上面都站不住了，他还讲了20分钟要怎么效忠天皇。他命令把战旗降下来，之后命令护航的驱逐舰发射两枚鱼雷，把飞龙号击沉了。山口多闻和舰长加来止男与舰共沉，当时山口多闻年仅49岁。

其实，指挥官不一定要跟着舰艇共沉的，像南云忠一离开赤城号，转到巡洋舰上也活得好好的。小泽治三郎担任联合舰队司令长官，在大凤号被鱼雷击沉前，也转移到巡洋舰上。舰艇沉没不一定要舰长陪葬，如果一定要与舰艇共沉，那优秀的飞行员、舰长、指挥员最后都没了。但这是日本军国主义的武士道精神、杀身成仁的思想。

飞龙号的设计

前卫还是保守？藤本喜久雄和平贺让设计理念的差异

在舰艇建造方面，日本当时有两大派系：一是以藤本喜久雄为代表，喜欢创新、标新立异的前卫派；另一个是以平贺让为代表的、四平八稳的保守派。这两人在专业技术方面分别是少将、中将的级别，都很厉害，但在现实中，却因建造舰艇的主张不同，两个派系也针锋相对。

左苍龙右飞龙，与苍龙号一样，飞龙号也是在日本第二次船舰补给计划中建造的。它的最初设计是苍龙号的同型二号舰，但经过多次修正改进之后，飞龙号与苍龙号的舰型已经相差甚远。

苍龙号和飞龙号两艘航空母舰虽然都是藤本喜久雄设计的，也是一个级别的，但长得完全不一样。

1934 年，因为"友鹤号事件"，日本政府追究藤本喜久雄的责任，藤本因压力太大，最后突发脑溢血死亡。藤本喜久雄去世之后，他的设计团队非常气愤，认为军方不应该把责任都推到藤本喜久雄身上，海军在操作过程中也存在问题。他们参加完藤本喜久雄的葬礼回到单位后，借口大扫除把藤本喜久雄以及明治维新以来，他们设计团队积累的所有日本造舰的资料、设计图纸、模型全部烧光了，以防止这些遗产流入藤本的死对头平贺让的团队中。

藤本去世几个月后，出现了"第四舰队事件"，当时日本 19 艘舰艇受损，45 人死亡。事故调查委员会和舰艇性能改进委员会的领导就是平贺让。平贺让和藤本是死对头，虽然藤本去世了，但平贺让还是不放过他，在调查事故做总结时强调"友鹤号事件"和"第四舰队事件"，主要是舰艇设计问题。藤本死后，平贺让已经没有竞争对手，可以一手遮天，所以他坚持要抓舰艇的质量。当时藤本设计的苍龙号已经建造，但是飞龙号的设计还在改进过程中，于是飞龙号首先遭到重新审查，这一审查就推迟了一年半才继续服役。

平贺让要求对藤本设计的其他舰艇也进行改进，加强舰艇的结构强度和稳定性。比方说，过去舰艇都是铆接，铆接虽然结实但密封性不好，藤本喜欢新技术，采用的是电焊的方式，平贺让认为舰艇的结构强度降低和电焊有一定关系，所以要求一律不能用电焊，全改用铆接。后来证明，美国的舰艇都是电焊的，密封效果好而且强度也高。舰艇上所有前卫的东西全部被平贺让否定了，平贺让虽大刀阔斧改革但也得罪了不少人，最后他也受到排挤，被调到东京帝国大学去教书，不再参与舰艇设计。1938年，平贺让就算退休了。

飞龙号的长与短

飞龙号经过平贺让一番折腾以后到1939年7月才正式服役，相较苍龙号来说，飞龙号赶上了好时候，因为《华盛顿海军条约》到1936年12月31日终止，国际上再也没有"紧箍咒"可以限制日本舰艇的发展，因此飞龙号的吨位比原先设计的吨位增加了五分之一。

1939年，日本舰载机的性能是世界上最好的，零式战机、99舰爆等舰载机都开始普及了。日本舰载机的作战半径比英国大两倍多，尤其是零式战机，特别轻，航程也特别远。这时日本不再往航母上装太多大炮了，原来一艘航母上装二三十门大炮是因为不相信舰载机，到飞龙号时舰载机性能已经很不错了，不需要那么多大炮了。所以，日本在理念上有了很大的突破。

飞龙号通过加厚船体等主要方式加强结构强度，提高了舰艇的稳定性，把船体的重心降低了。另外，采用铆接以后的确比原来结实，干舷的高度增加以后全封闭，耐波性能提升了，在恶劣气象环境下也不至于进水，或像凤翔号那样被扭成麻花。

飞龙号最大的败笔就是左舷舰岛。左舷舰岛原来的设计想法是：苍龙号和飞龙号组成一个编队，苍龙号在左，它的舰载机起飞后就往左打方向，飞龙号在右，它的舰载机起飞后往右打方向。这两个航母战斗群舰载机起飞以后互不干扰空中编队，何乐而不为呢？实际上，由于操作习惯和螺旋桨反作用的原理，舰岛放在左舷，事故率会增加一倍。人体血压和螺旋桨反作用原理的试验结果都证明了这一事实，这是有科学道理的，也有人的思维习惯问题——在遇到紧急情况时，人会习惯性地往左打方向。在舰艇上往左打方向，很容易碰到舰桥，所以这个设计是有问题的。

航空母舰的发展是不断纠错、不断改进的过程。飞龙号和赤城号是世界上非常少有的把舰岛放在左舷的航空母舰，以后的航母全都改为右舷，而且飞行甲板都采用全通式，这个设计一直坚持到现在。

飞龙号航空母舰（1941 年）

性能参数	
满载排水量	2.19 万吨
全长	227 米
功率	15.3 万马力
最高航速	34 节
乘员	1103 人
舰载机	
战斗机	零式舰载战斗机 21 架
轰炸机	99 式舰载轰炸机 18 架
攻击机	97 式舰载攻击机 18 架
武装	
防空火力	89 式 127 毫米口径高射炮 12 门
	96 式 25 毫米口径机枪 31 挺

翔鹤号、瑞鹤号：
命运沉浮的"双生子"

翔鹤号、瑞鹤号这两艘姊妹舰是同一个级别的航母。翔鹤号服役于日本海军的鼎盛时期，下水时隶属于第五航空战队，在二战中"成绩斐然"。1942 年 5 月珊瑚海海战爆发，在这场人类历史上第一次航空母舰的对决海战中，翔鹤号与瑞鹤号一起击沉了美军列克星敦号，重创约克城号航空母舰。

翔鹤号

日本 1936 年退出第二次《伦敦海军条约》之后，开始积极扩张海军战力，于 1937 年建造了"双鹤"（即翔鹤号、瑞鹤号，以下简称"双鹤"）航空母舰。在完全不受军备限制的情况下，参考此前建造赤城号、加贺号、苍龙号、飞龙号的经验，"双鹤"算是第一个研制设计比"双龙"级别高一个等级的航空母舰。

生逢其时："双鹤"的建造背景

在航空母舰发展的初期，情况比较复杂。

一方面人们认识上存在许多不足，好多人仍奉行大舰巨炮思想，认为航空母舰没什么用，舰载机跟小鸟一样，怎么能够把战列舰击沉呢？所以各国对此都不重视。

另一方面跟历史条件有关。前面我们讲过，第一次世界大战结束以后，英国、美国、日本、法国、意大利这 5 个海军国家，在华盛顿签订了《华盛顿海军条约》，条约主要限制战列舰、战列巡洋舰和重巡洋舰等主力舰的吨位，限制航空母舰、巡洋舰的吨位，另外还限制主炮的口径。此条约签订后，日本航空母舰的建造就受到各种限制，按照规定，新建造的航母排水量不能超过 2.7 万吨，凤翔号、龙骧号和"双龙"都在这个吨位以下;用战列舰和战列巡洋舰改装的航母排水量不能超过3.3万吨,赤城号、加贺号,以及美国的萨拉托加号、列克星敦号,排水量都不超过3.3万吨。具体来讲,在这个阶段,受《华盛顿海军条约》的限制,日本建造的航母主要有1922年的第一艘航空母舰凤翔号、1927年的赤城号、1928年的加贺号,美国按时间顺序则发展了兰利号、列克星敦号、萨拉托加号等航母。1930年,英、美、日三国又在伦敦签订了《伦敦海军条约》,主要针对军舰的总吨位继续进行限制,对其他主力舰的吨位和主炮口径也进行了相应的规定。在《伦敦海军条约》的限制下,日本建造了排水量1万多吨的龙骧号,美国建造了突击者号。

《华盛顿海军条约》和《伦敦海军条约》于1936年12月31日到期,日本早在条约到期前就蠢蠢欲动,开始准备军备竞赛。为了逃脱条约的限制,也为了在条约到期后大干一场,日本做了大量技术上的准备。

1922年到1936年这段条约生效的时间,被称为"十五年海军假日",这段时间为日后的军备竞赛奠定了基础。事实上,条约一到期,日本的苍龙号就在1937年完工了,飞龙号则在1939年完工,这两艘舰艇由于原来的设计受条约限制,所以都比较小,排水量只有约2万吨。而日本在1937年12月开始建造的翔鹤号和瑞鹤号,已经完全不受限制。"双鹤"可以说是赶上了好时候,不仅因为军备竞赛得到大量经费支持,而且又有凤翔号、赤城号、加贺号、龙骧号、苍龙号、飞龙号等一系列航空母舰设计和建造的经验。从结果来看,"双鹤"应该是日本摆脱了条约限制后第一次研制设计的大吨位级别的舰艇,性能比较好，比苍龙号、飞龙号高一个档次，整体也比它们大一号。这是"双鹤"诞生时日本基本的大环境。

"双鹤"的技术特点

基本装备

"双鹤"比"双龙"的级别更高、吨位更大，苍龙号的标准排水量是1.6万吨，飞龙号排水量是1.7万多吨，满载排水量约2万吨，而翔鹤号满载排水量能超过3万吨，航速34节，速度非常快。

"双鹤"舰上的防空装备也很强，有8座双联装的127毫米口径炮，80多架舰载机，可载1600多人。舰载机分为三类，21架零式战机主要负责防空，99舰爆的任务是对航空母舰投放炸弹或者对地面进行攻击，30架97舰攻携载鱼雷。

竣工后的瑞鹤号

"双鹤"出海的弹药基数一般为45枚鱼雷、90枚800公斤的炸弹、300 枚 250 公斤的炸弹和 540 枚 60 公斤的炸弹，火力非常强大。可以说翔鹤号、瑞鹤号为以后日本航空母舰的发展奠定了非常好的基础。

特种设备

特种设备是专门用于供舰载机起飞降落或者舰上维修保养的设备，除了航母，其他的驱逐舰、巡洋舰上均不配备。"双鹤"的特种设备有以下几个方面的特点。

第一是高干舷。之前日本遭遇的"第四舰队事件"暴露了舰艇干舷低、强度差的缺点，另外舰体没有全封闭，导致遇上强劲风浪损失很大，所以翔鹤号、瑞鹤号的干舷很高，采用全封闭式，可以抵御风浪。而且高干舷使飞行甲板也高于海面，这样海浪就不至于拍打到飞行甲板上，舰载机能够进行正常的起飞和降落。飞行甲板长242 米，跟日本现在的出云号和加贺号差不多，不过现在的加贺号和出云号作战能力更强，飞行甲板也更长。

第二是舰上有上下两层机库，就像停车楼一样。因为出海后，飞机不能一直停放在上甲板上，风浪一吹，盐雾侵袭，飞机容易损坏。舰上还有升降机，这个升降机和电梯类似，飞机可以从机库搭乘升降机到飞行甲板（也叫上甲板）来进行起飞和降落，升降机也可以用于装运弹药。舰上一共有 3 部升降机，最前面的一部叫舷内升降机，位于舰艇中线前端。日本建造航母有一个习惯，喜欢在舷内升降机的位置，也就是舰艇前部上甲板中线的位置，画一个巨大的日本国旗上的红太阳，所以对方的俯冲轰炸机很容易瞄准这个大红点，投放炸弹也特别容易命中舷内升降机，舷内升降机被炸坏之后炸弹还能直接进入下面的弹药库和油库，可以造成更大的麻烦。其他两部升降机在两舷，是不对称的布置。

第三是将上层建筑放于右舷。"双鹤"吸取了飞龙号在设计上的经验教训，不再把上层建筑放在左舷。原来飞龙号的上层建筑放在左舷，事故率高出一倍，所以"双鹤"把上层建筑改放在右舷。两个向下弯曲的烟囱放在右舷中部，这在当时是日本设计航母的一个特点，之后烟囱不再向下弯曲，开始竖起来了，再之后烟囱和上层建筑设计为一体了。

第四是将弹射器取消了。由于当时日本航母上的舰载机很轻，比如零式战机的重量只有 2 吨左右，舰上就取消了用于起飞的弹射器。二战后，大约在 20 世纪 50 年代，大型飞机和喷气式飞机上舰以后，弹射器才成了航母的标配。

第五是阻拦索。"双鹤"舰上很有特色的一点是装了 11 根阻拦索，现在美国的航空母舰用 4 根阻拦索，并逐渐向 3 根发展，有的国家装 5 根，而翔鹤号和瑞鹤号上装了 11 根，显然是考虑到飞机降落的困难。11 根阻拦索的设置也特别有意思，舰首放了 3 根，舰尾放了 8 根，其他国家一般都放在舰尾，舰首用来起飞。不过，因为日本的舰上没有弹射器，这种设置在关键时刻使舰首舰尾都可以实现降落，十分罕见。

"双鹤"上还首次创造性地使用了两个特别设计：一个是球鼻艏设计，还有一个是双舵设计。

"球鼻艏"是一个专用术语，简单理解就是在舰首的水下部分，装了一个像匹诺曹那样的球状的大鼻子。一般来说，舰首应该像刀刃，劈波斩浪才好，安装这么一个大球，不会影响舰艇的航行吗？这是因为日本的航母经常受潜艇的威胁，翔鹤号和大凤号就是被美国海军的潜艇击沉的，信浓号也是。一艘潜艇发射几枚鱼雷，就把一艘排水量几万吨的航空母舰击沉了，威力不容小觑。因为当时航母没有办法反潜，所以就把水听器（声呐）放在这个球形"鼻子"里，由声呐兵在这儿听。虽然安装了声呐，但探测潜艇的难度依然很大，因为一场战役中有几十艘、上百艘舰艇，噪声辐射很乱，难以听见，就像我们在嘈杂的街上听不见悄悄话一样。不过在比较安静的海域低速航行的时候，声呐还是可以工作的，聊胜于无。这个球鼻艏设计由翔鹤号、瑞鹤号级别首次采用，虽然现在已经在舰艇上普遍应用了，当时却是一种创新。

下面我们再来说双舵设计。一般的舰艇是单轴单舵，一个轴后面带有一个螺旋桨、一个舵机。"双鹤"上设计了两个舵，一个副舵在前面，一个主舵在后面，这样的好处是，慢速航行的时候用副舵，高速航行的时候用主舵。舰体设计得也非常好，有一次在台风天航行的时候，曾一度倾斜到40度，人都站不稳了，舰上的杯子、盘子也都滚到了地上，但是舰艇晃来晃去很快就恢复了平稳，复原性很好，稳定性也不错。

球鼻艏设计、双舵设计，包括舰体的设计，都在以后的舰艇建造中沿用了下来。

日本设计"双鹤"的时候，英国开始建造光辉级航母，把战列舰、战列巡洋舰和重巡洋舰的防护装甲的技术应用到了航母上，这也是少有的。受其影响，日本同样采用了防护装甲的设计技术，弹药库可以抵御 800 公斤炸弹的袭击，轮机舱可以抵御 250 公斤炸弹的袭击。这是设计时钢板能达到的理想防御效果，但实际上钢板和钢板之间存在焊缝，很多时候特别凑巧，炸弹落到焊缝上，一下就把钢板掀开了。翔鹤号在马里亚纳海战时，就是被一枚炸弹掀翻了前部的机库和飞行甲板，这说明舰体的防护薄弱处正好让炸弹命中时，一枚炸弹就能毁掉一艘航母。亚利桑那号也遭遇了一样的情况，舰艇安装了四五百毫米厚的装甲，但是一枚 800 公斤的炸弹正好落在了炮塔焊缝处，掀翻了炮塔和上甲板。所以，实战中的很多状况是试验的时候想象不到的。

翔鹤号由于总是受到攻击但又没有沉，所以不断地返回修理，并且边修理边改进。比如说灭火的问题，之前安装的是液化二氧化碳灭火器，着火之后先用二氧化碳给火源绝氧，没有氧气就不会继续燃烧，后来改成了泡沫灭火器，全舰采用泡沫灭火。但其实这种泡沫灭火器没什么用，因为舰艇沉没前，全舰失去动力，泡沫灭火管线无法使用。舰上还有前、中、后共三处注水处，注水处是在舰艇倾斜时往舱室注水用的。比如左舷舱室进了大量的水，艇体往左倾，那就往右边灌水保持平衡，这和咱们坐船，左边人多要往左边翻沉时，人往右边挪来平衡船身是一个道理。

二战时日本的海军部署——
"双鹤"服役时的战略环境

1931 年"九一八事变"后，日本占领中国东北，成立伪满洲国，1937 年"七七事变"之后全面侵华。1939 年 9 月 1 日，希特勒入侵波兰，第二次世界大战在欧洲爆发。1940 年法国投降之后，法国在中南半岛的殖民地，比如越南、老挝、柬埔寨，就被日本"搂草打兔子"趁机占领了。至此，日本已经占领了大半个中国和中南半岛上的法属殖民地。

在这种情况下，日本陆军认为将来应该向整个中南半岛发展，从东南亚往印度方向推进，占领印度，进而占领整个中亚；接下来占领中东，在此可以获取日本所需要的石油；下一步向非洲进军。因为 1941 年，意大利和德国的军队已经到达北非，日本、德国和意大利三个轴心国打算在非洲会师，形成一个拳头，从侧翼包抄苏联，最后实现德意日三个轴心国瓜分世界的战略企图。

日本海军反对这一计划，认为海军在其中无用武之地，而且推进太慢，策划了另一套进攻路线。日本海军提出向中太平洋和东太平洋攻打，偷袭珍珠港；然后打下中途岛，以中途岛为跳板，向美国西海岸进攻；接下来一路向南，打下澳大利亚、新几内亚以及整个东南亚（包括荷属东印度群岛），占领整个太平洋。最后在日本军方权衡决策时，海军方案占了上风，所以就有了 1941 年 12 月 7 日偷袭珍珠港的行动，同时为了照应陆军，山下奉文在东南亚对新加坡、马来西亚、荷属东印度群岛、菲律宾以及中南半岛发动战役。等于日本有两个拳头，一个打向中太平洋、东太平洋和美国，另一个打向印度洋和东南亚。

到 1942 年 3 月，在澳大利亚方向，日本已经象征性地对达尔文港进行了空袭，夺占了荷属东印度群岛，对新几内亚的局部地区发动了袭击。当时，美国在莫尔兹比港有一个基地，澳大利亚在所罗门群岛的图拉吉岛也有一个基地，这两个地方在珊瑚海北侧，与澳大利亚隔海相望。珊瑚海面积达 480 万平方公里，位于澳大利亚的东北方向，是世界上最大的海。日本在对澳大利亚作战的过程中意识到莫尔兹比港和图拉吉岛是两个非常重要的门户，只有占领这两个地方，才能够控制珊瑚海的制海权和制空权，从而切断澳大利亚和夏威夷的海洋交通线，为下一步的行动做准备。

日本为进攻图拉吉岛和莫尔兹比港，计划兵分四路：第一路为图拉吉登岛部队，第二路为攻打莫尔兹比港的部队，第三路是井上成美中将负责指挥的掩护登陆的第四舰队，第四路是高木武雄中将率领的海上机动舰队——第五航母舰队。翔鹤号、瑞鹤号和另外 3 艘重巡洋舰、6 艘驱逐舰就被编入第五航母舰队。航空母舰搭载的舰载机，也就是航空舰队，另由原忠一少将担任司令官。海上机动舰队的主要任务是负责海上机动，寻歼美国的航母战斗群，给日本陆军提供空中掩护，夺取珊瑚海的制海权和制空权，确保陆军在图拉吉岛和莫尔兹比港成功登陆。

美国得知日本的作战企图后，担心会失去这两个前进基地。如果这两个基地被日本占领，那么从现在的印度尼西亚、巴布亚新几内亚到所罗门群岛，都会成为日本的地盘，美国将不再掌握帝汶海和珊瑚海的制海权和制空权，日后想到达澳大利亚或者印度洋就无路可走了。因此美国也比较紧张，派了航空母舰战斗群前来挫败日本的作战行动。

1942年5月，美国的太平洋舰队一共有5艘航空母舰，其中萨拉托加号在1月被日本潜艇击伤，正在坞内修理；企业号和大黄蜂号两艘舰艇在4月18日参与了"杜立特空袭东京"，当时正在返航途中，需要补给、加油，不具备作战能力；剩下的列克星敦号被编入第八特混舰队，约克城号被编入第十七特混舰队。

此前日本在偷袭珍珠港时，击沉了美国很多大的战列舰和中巡洋舰，最后美国只剩8艘小型巡洋舰和13艘驱逐舰，与列克星敦号、约克城号编成了一支出战舰队，由福莱特海军少将指挥，负责在珊瑚海与高木武雄指挥的第五航空舰队进行作战。不过因为珊瑚海太大，双方在这个海域展开的作战非常复杂，这里只从日本的角度来谈谈翔鹤号在作战中起到了什么作用。

珊瑚海海战

珊瑚海海战的过程

整个战役的展开可以归结为三个回合。

第一个回合是盲人摸象的阶段。历史上，航空母舰从来没有在公海大洋进行过公开的对质，之前各国都是大舰巨炮，双方的战列巡洋舰排成战列线，在各自舰炮的射程范围（30~40公里）内对轰。双方舰艇相隔几百公里按兵不动，让飞机前去跟对方作战，这是第一次。1942 年 5 月 1—6 日，这一周的第一个回合，双方在珊瑚海上就像京剧《三岔口》里演的，两个人在一个黑屋子里，时而拳头对拳头，时而眼睛对眼睛，近在咫尺，却不知道对方就在眼前。再加上当时美国航母刚开始装雷达，日本落后些还没有雷达，其间错失了很多非常好的作战机会。

因为双方经常发现对方航母的舰载机出没，所以都察觉到了有航空母舰在同片海域活动。航母的舰载机作战半径是 500 公里，只要看到航母舰载机，附近几百公里范围内一定会有航空母舰，但是不知道航空母舰的具体方位。当时没有预警机，还是靠飞行员目视观察，舰上虽然装了雷达，也只能探测几十公里，最多 100 多公里的距离。这种情况下想要发现对方的航空母舰是比较困难的。

日本航空母舰翔鹤号、瑞鹤号派出 78 架飞机去搜索美国的航母，发现了一个大家伙，以为这就是美军的航母，组织了好几轮攻击波次，不到 1 分钟就把一艘驱逐舰击沉了。其实，这艘驱逐舰是给一艘万吨油轮护航的，这艘油轮确实是一个大家伙，从飞机上看特别像航空母舰。不过它刚刚给列克星敦号和约克城号加完油，是一艘空船，储备浮力很大，所以这艘油轮被炸了半天也不沉，最后在海上漂了好几天才沉没。

5 月 7 日，双方进入第二个回合的较量，开始有接触。美国列克星敦号的侦察机出去侦察后，报告发现日本航空母舰，就起飞了舰载机，用 13 枚炸弹、7 枚鱼雷把日本排水量 1.2 万吨的轻型航母祥凤号击沉了。

美国列克星敦号

　　美军以为日本只有翔鹤号、瑞鹤号在这个海域，不知道祥凤号是
潜艇支援舰改装的航母，吨位很小而且是偏师不是主力。经过一顿
狂轰滥炸，美军完全暴露了自己航母的位置与实力。到了 7 日晚上，
27 架日本航母舰载机在巡逻时发现了列克星敦号。但是飞行员因为
一周多的时间都没有在海上见到过美国的航空母舰，误以为这是自
己家的航母，就开始放慢飞行速度，准备低飞进场，于是一边在航
母上空盘旋一边打开航行灯发信号请求降落。列克星敦号的舰员纳
闷这些飞机怎么在这盘旋，还打开航行灯呢？因为按照美军的规定，
舰载机降落之前，航行灯是不能打开的，所以他们就询问飞机为什
么打开航行灯？但是对方不回答，只在上空转来转去。列克星敦号
的船员分不清是敌是我，于是打开刚装上的敌我识别器，就是二次
雷达，这个设备可将敌我识别出来，但发出信号后，上方飞机还不

回答，列克星敦号舰员明白这是日本的飞机自投罗网了。舰上的炮手马上拉响紧急警报，开始瞄准，击落了21架日本飞机，剩下6架飞机"连滚带爬"逃跑了。列克星敦号便用舰空雷达搜索，发现它们在30海里以外的地方降落了，这等于暴露了目标，美军就清楚知道日本航母的方位了。可惜当时美军没有夜战能力，晚上火炮没法瞄准，飞机也不能起飞降落，所以福莱特没有乘胜追击，准备第二天再出兵。

接下来就是第三回合，双方正面交锋。8日早晨大约6点，双方放飞侦察机，查探对方航母的位置。相距200海里的时候彼此都发现了对方，双方的舰载机开始混战。在这个过程中，翔鹤号被列克星敦号、约克城号舰载机的三枚炸弹命中后起火，它的舰载机只能降落在瑞鹤号上，还有好多停着的飞机直接被推到海里去了。

海战中的翔鹤号

瑞鹤号本来是和翔鹤号编队的，结果它的运气特别好，空中突然飘来一片云。夏天，尤其是在海上，经常有这种现象，就是那些黑乎乎的雨云会下隔道雨，就像一条公路左边下大雨，右边却还是干的，一滴雨都没有。那边翔鹤号被炸弹命中，自顾不暇，这边瑞鹤号被笼罩在云下，暴雨如注。美国的舰载机在上面盘旋，但雨下个不停，舰载机在雨中看不见瑞鹤号就没法打，而且舰载机也不能长时间飞行，否则没油就麻烦了。最后瑞鹤号借着云和雨掩护自己，免于被轰炸，慢慢逃走了，毫发无损。云和雨有点像陆军作战中一些坑道、堑壕之类的地形地物，空军可以利用云雨来进行掩护。

交战中，美国约克城号中了一枚炸弹受损。列克星敦号是一艘排水量 3.3 万吨的战列巡洋舰改装而成的航母，被两枚鱼雷、两枚炸弹命中，弹药库爆炸，舰体严重倾斜。最后列克星敦号舰长命令护航的驱逐舰发射了 5 枚鱼雷，把它击沉了。

至此，美日交战的三个回合结束了。最终的结果是双方基本上打成了平手：日本方面一艘轻型的航母祥凤号被击沉，翔鹤号受伤；美国方面列克星敦号被击沉，约克城号受损。

这场战役是人类历史上第一次航母和航母、舰载机和舰载机之间的作战，开辟了海上航母作战的先例，具有重要意义。这次战役充分体现了日本丰富的作战经验。从 1931 年开始到 1937 年两次淞沪会战，日本大量使用舰载机空袭中国上海、杭州等地；之后日本又偷袭珍珠港，在东南亚进行作战，在印度洋击沉了英国远东舰队的竞技神号航母、威尔士亲王号和反击号战列巡洋舰。在实战过程当中，日本积累了丰富的经验，战术上强过美国。

美国的航空母舰缺乏实战经验，只进行过舰队训练。在日本偷袭珍珠港的时候，美军航母是被动挨打，不算数；在杜立特空袭东京的时候，也只是作为起飞平台。所以，航母真正作战对美国来说这还是第一次。

日后，人们评价这次战役，认为日本的战术指挥存有遗憾。有的指挥员属于冒险型，山本五十六就是赌徒一般，觉得日本的胜负在此一战，拼尽全力，采用自杀式冲锋。有的指挥员是稳健型的，求稳怕乱，像南云忠一在指挥偷袭珍珠港的时候，在发动了第一轮、第二轮空袭后，应该趁美军还没有反应，紧接着组织第三轮空袭，把对方的机库、码头、港口、油库、弹药库、维修厂全炸毁，这样美军就失去了后勤支援能力，没有一年半载是缓不过来的，日本就可以在这期间再折腾。但是南云忠一认为：第一，山本五十六没下命令进行第三轮空袭；第二，万一美国的航空母舰没在港里，反而在外面围堵日本航母怎么办？所以他撤退了，错过了一次全歼美国太平洋舰队的机会。后来美军将领到现场勘察之后，发现一切都还有救，油库、维修厂、弹药库都还在，舰艇也还可以修，"留得青山在，不怕没柴烧"。

在珊瑚海海战中，日本同样犯了指挥不力的错误。当时日本瑞鹤号毫发无伤，只有一部分舰载机受损，航母尚有战斗力。如果高木武雄带领第五航空舰队穷追猛打，很可能把约克城号歼灭。但是日本判断错误，以为美国两艘航空母舰都已被击沉，就回撤了。回撤途中向山本五十六报告时，山本五十六和军令部的参谋命令高木武雄赶紧去追，可已经追不上了。所以，日本又错过了一个非常好的机会。

经此一役，美国的约克城号被打得漏油，一路拖着油回到港内进行维修。原来准备要修理一个多月，最后尼米兹上将亲自到修理厂去动员工程师和工人，连续干了三天三夜把它修好，让它参加了中途岛海战。

日本的瑞鹤号虽然毫发无伤，但是它的飞行员阵亡了很多。瑞鹤号和受伤的翔鹤号回到吴港进行修理，花了9个月的时间，错失了参与中途岛海战的机会。我们知道赤城号、加贺号、苍龙号、飞龙号在中途岛海战中全部被击沉了，如果瑞鹤号参加中途岛海战的话，是不是能扭转日本不利的局面呢？

美国的太平洋舰队在日本偷袭珍珠港以后损失了一大半，通过珊瑚海海战才恢复元气，没有让日本的阴谋得逞——阻止了日本南进，使日本占领莫尔兹比港的计划落空，打击了日本的嚣张气焰，破坏了日本在珊瑚海一带扩张的野心。

珊瑚海海战是人类历史上第一次海空大战、航母大战，也是第一次超视距大战。在这次作战中，双方都开始积累经验，为以后的航母作战奠定了非常重要的基础。

当时，太平洋战争仍处于战略相持阶段，直到中途岛海战才算有了转机，真正的对日战略反攻阶段则是从瓜岛的反击战开始的。

中途岛海战后的翔鹤号

中途岛海战之后，翔鹤号与瑞鹤号成为日本海军西南太平洋鏖战中的主力。1942年8月开始的瓜岛争夺战中，它们击伤了美军企业号航空母舰，但翔鹤号陨命马里亚纳海战。当时，美国著名的潜艇棘鳍号发射了6枚鱼雷，至少有3枚命中了翔鹤号，引起燃油库大爆炸，翔鹤号因此丧失战斗力，随即沉没。

美国的反攻——马里亚纳海战

1942年5月4日—8日，美日发生了珊瑚海海战；6月4日，中途岛海战爆发，日本4艘航空母舰被击沉，受到重创；1942年8月至

1943 年 2 月，美国进行了瓜达尔卡纳尔反击战。1943 年 4 月，日本联合舰队司令山本五十六因电报泄密进了美军伏击圈，座驾被击中，机毁人亡，终年 59 岁。

同时，美国开始进行战略反攻，采取跳岛战术，进行越岛作战，1944 年 6 月逼近日本的绝对防御圈。当时日本基本占领了第一岛链，控制着周围的海域。第一岛链北起日本群岛，经琉球群岛、台湾岛、菲律宾一直到东南亚。第二岛链主要是硫磺岛、马沙尔群岛和马里亚纳群岛，其中，马里亚纳群岛是第二岛链的核心群岛，为南北走向，长 425 海里（800 多公里），由一系列火山岛和珊瑚岛组成，其中比较大的有十几个。

硬 核 知 识

塞班岛、提尼安岛（也叫天宁岛）、罗塔岛、关岛这些大家都非常熟悉，现在都是旅游胜地。其中，关岛是 1898 年美西战争时被美国占领的。此外，美国还占领了菲律宾、古巴。塞班岛、提尼安岛、罗塔岛则是西班牙的，后来卖给了德国。第一次世界大战之后，德国战败，日本就接管了这些岛屿。所以 1944 年的时候，除关岛之外，其他岛屿还都是日本统治的。

第二岛链在美国往日本本土攻打的过程中，是一个非常重要的防线和跳板，如果夺占了第二岛链，那么处在第一岛链的日本殖民地基本上就都在美国的作战半径之内了。对日本来说更为危险的是，如果美国占领了马里亚纳群岛，以塞班岛、提尼安岛为起点，到日本本土的距离只有1000多公里，B–29"超级堡垒"战略轰炸机（以下简称B–29）的作战半径可以覆盖到日本全境。日后轰炸东京的时候，B–29就是从提尼安岛起飞的。另外，占领了第二岛链之后，日本本土和东南亚殖民地之间的运输线被切断了，日本进口的物资，比如泰国的大米、印度尼西亚的石油和橡胶等，就断了来源。

1944年6月，美日双方的部队在马里亚纳群岛附近集结。日本派出了三支舰队：栗田健男中将率领的第三航空战队为前卫舰队，有3艘航空母舰；跟在后面的是担任联合舰队司令的小泽治三郎率领的第一航空战队，有3艘航空母舰和2艘轻型航母；还有一个航母战队是城岛高次少将率领的，有1艘大型航空母舰和2艘轻型航母。日本这三支舰队加起来共有11艘航母，其中包括4艘大型航空母舰、7艘轻型航空母舰，另外还有5艘战列舰和45艘其他舰艇，这是日本海军当时最后的家底了。

相比之下，此时美国的舰艇已经发展得非常强大了，在整场马里亚纳海战中出动了600多艘舰艇，包括15艘航空母舰、16艘护航航母、200多艘战列舰等作战舰艇，另外还有35艘潜艇、900架舰载机、620架岸基飞机，兵力远超日本。

美国的舰队由斯普鲁恩斯担任指挥。斯普鲁恩斯在中途岛海战一战成名后，一路晋升，到马里亚纳海战时，已经出任中太平洋舰队（又称第五舰队）司令了。当时美日的兵力为3∶1，美方打算集

中全部精力重拳出击，对日本进行
作战。

被击沉的翔鹤号

马里亚纳海战由一系列小的战
斗构成。1944 年 6 月 19 日上午 11
点 30 分，美国的棘鳍号潜艇已经
尾随了翔鹤号大半天。这时，它到
翔鹤号的右舷前方占领阵位，发
射了 6 枚鱼雷，其中至少 3 枚命

斯普鲁恩斯

中翔鹤号的水下部分。翔鹤号船体受损，内部大火又引发一连串的
爆炸，很快海水开始涌入，损管系统失灵，导致舰艇倾斜，进而造
成舰载机起飞后无法返回降落等一系列灾难。翔鹤号上大火不断燃
烧，一两个小时后引爆了弹药库和油库，舰上发生了二次、三次爆
炸，最终沉没，舰上 1271 人死亡。

棘鳍号潜艇发射完鱼雷之后要逃走，被日本其他护航舰艇发现。
日本舰艇追上棘鳍号扔了 105 枚深水炸弹，不过最后棘鳍号只受了
点"轻伤"就逃离了，成功返回塞班岛。

日本这一仗打得非常惨烈，翔鹤号、大凤号和飞鹰号 3 艘航空
母舰被击沉，瑞鹤号、隼鹰号和千代田号 3 艘航空母舰受伤；舰载机
损失了 404 架，占全部舰载机的 92%；岸基飞机损失了 247 架，基
本上全军覆没。马里亚纳海战对日本造成了毁灭性的打击，使得日

本完全失去了制空权和制海权，从此以后，在太平洋战场几乎是"任人宰割"。

美国通过马里亚纳海战获取了第二岛链，掌握了战略前进基地，切断了日本本土和能源供应地、殖民地等东南亚国家的联络，为接下来的菲律宾战役、硫磺岛战役、冲绳战役和东京大轰炸等作战奠定了非常重要的基础。

翔鹤号航空母舰（1944 年）

性能参数	
满载排水量	3.11 万吨
全长	257 米
功率	16 万马力
最高航速	34 节
乘员	1660 人
舰载机	
战斗机	零式舰载战斗机 28 架
攻击机	天山舰载攻击机 12 架
轰炸机	彗星舰载轰炸机 18 架
	零式舰载战斗机（爆装）16 架
	99 式舰载轰炸机 3 架
侦察机	二式舰载侦察机 10 架
武装	
防空火力	89 式 127 毫米口径高射炮 18 门
	96 式 25 毫米口径机枪 28 挺
雷达	21 号电探

久经沙场的瑞鹤号

与翔鹤号相比，瑞鹤号这艘航母特别神奇，久经沙场，而且运气很好，和日本有些运气差的舰艇形成鲜明对比。比如排水量约 7.5 万吨的信浓号，试航的时候在内海就被一艘潜艇的几枚鱼雷击沉了，出师未捷身先死；大凤号也是刚服役，没有任何战绩就沉没了。这两艘都是踌躇满志、最大而且质量最高的航空母舰，结果一下子就沉没了。

从太平洋战争的开篇偷袭珍珠港，一直到日本海军的最后一战莱特湾海战，瑞鹤号几乎全部参加了，而且它是偷袭珍珠港的几艘航母（赤城号、加贺号、苍龙号、飞龙号、翔鹤号、瑞鹤号）中存活到最后的一艘。下面，我们介绍一下瑞鹤号航母的作战经历，也将一捋太平洋战争中日本的作战脉络。

1941 年 12 月 7 日，日本偷袭珍珠港，罗斯福因此对日宣战，第二次世界大战的太平洋战争揭开了序幕。在偷袭珍珠港过程当中，瑞鹤号出动了 58 架舰载机，第一波攻击出动了 29 架 99 舰爆和 6 架零式战机，主要攻打斯塔姆机场，第二波攻击出动了 27 架 97 舰攻，对美军战列舰、巡洋舰进行攻击，58 架舰载机毫发未损。

1942 年 1 月 20 日，日本进攻拉包尔，瑞鹤号被编入南云忠一的第五航空战队，和第一航空战队共同参战，主要是对印度尼西亚（当时的荷属东印度群岛）和拉包尔进行作战，承担了对新几内亚莱城的空袭任务。之后日本开始横扫南太平洋和印度洋，这是瑞鹤号最风光的时候：1942 年 2 月 19 日空袭达尔文港，3 月 3 日开始夺占荷属东印度群岛，接下来空袭爪哇；4月5日空袭锡兰湾和科伦坡港亭可里兰基地，英国远东舰队就是在这天覆灭的，在这次作战中，还击沉了竞技神号航母和一艘一两万吨的重巡洋舰。

到了1942年5月8日的珊瑚海海战，翔鹤号受伤，瑞鹤号在云层的掩护下安全逃脱，毫发无伤，不过因为它的舰载机损失较大，就随翔鹤号一同回去修理了，结果"双鹤"因此都没有参加中途岛海战。在1942年下半年一系列的太平洋遭遇战中，"双鹤"还跟美军的企业号、大黄蜂号有过几次接触，又特别神奇的是，翔鹤号受损而瑞鹤号安然无恙。瑞鹤号总是这样大难不死，每次处于灾难的边缘又能全身而退。

1943年美军开始从东太平洋跳岛作战，一个岛接一个岛地往西打。在这个过程中，瑞鹤号为瓜达尔卡纳尔岛撤退的日本陆军提供掩护。9月18日瑞鹤号从特鲁克岛出击，进攻吉尔伯特群岛中的塔拉瓦岛和马金岛（这两个岛的名字也用在了现在美国的两栖舰艇上），在两栖战中和美国舰队交手。10月，瑞鹤号又从威克岛出击，和美军交战。1943年期间，日本主要在海上展开一些袭扰性行动，因为美国已经处于战略反攻阶段，日本开始节节败退，这些小型的夺岛作战是海军的一种掩护性策略。

在1944年6月的马里亚纳海战中，翔鹤号被击沉，瑞鹤号受了点轻伤，它的舰载机大部分被击落。这一年还有一件有意思的事情，就是瑞鹤号和凤翔号参与了日本电影《雷击队出动》的协助拍摄，日本在2006年还将这部电影制作成DVD发行。在战时对航空母舰和大量舰载机进行实地拍摄是很少见的。

1944年10月莱特湾海战，是瑞鹤号最后一次参加作战，瑞鹤号也是参加偷袭珍珠港的6艘航母中唯一还在进行作战的航母。这个时候日本已经几乎没有航空母舰了，计划用四个分舰队，从四个方向对美国进行作战。联合舰队司令小泽治三郎带领仅剩的4艘航空母舰和100多架飞机，作为诱饵舰队"勾引"哈尔西舰队，让哈尔西舰队的15艘航母离开作战岗位，使正在登陆的成千上万艘美国舰艇失去哈尔西航空母舰舰载机的保护，给栗田健男腾出空来，好把美国登陆舰队下饺子般"一勺烩"。实际上小泽治三郎的舰队任务完成得很出色，也正好哈尔西立功心切，成功上钩。但是最后由于栗田健男多疑，犯了司马懿的毛病，自己撤退了，与胜利擦肩而过。

空袭中，瑞鹤号右舷中弹冒烟

航母档案·日本卷

在这次作战过程中，瑞鹤号先被一枚炸弹和一枚鱼雷命中，导致动力舱进水，动力丧失，接着舰载机无法起降，内部又发生火灾，失去了通信能力，发不出去电报，后来左舷又中了4枚鱼雷，彻底进水倾斜。10月25日下午1点半，瑞鹤号宣布弃舰降旗，舰尾下沉，2点20分沉没在恩加诺角，舰长和舰共沉。

1944年10月25日，日军下达弃舰命令，瑞鹤号降旗全体敬礼

巧合的是，击沉瑞鹤号的舰载机是从列克星敦号起飞的，美国的舰名采用传承制，这艘埃塞克斯级的CV-16列克星敦号的前身，正是在珊瑚海海战中被瑞鹤号的舰载机击沉的CV-2列克星敦号。

瑞鹤号航空母舰（1944 年）

性能参数	
满载排水量	3.11 万吨
全长	257 米
功率	16 万马力
最高航速	34 节
乘员	1660 人
舰载机	
战斗机	零式舰载战斗机 28 架
攻击机	天山舰载攻击机 14 架
轰炸机	彗星舰载轰炸机 11 架
	零式舰载战斗机（爆装）16 架
武装	
防空火力	89 式 127 毫米口径高射炮 18 门
	96 式 25 毫米口径机枪 28 挺
雷达	21 号电探
	13 号电探

注：由于缺乏战斗机，日军航母往往会搭载一些较为老旧、不适合用于空战的零式战机，专门执行轰炸任务。

传奇人物小泽治三郎

提起日本的航母作战，有位不得不提的海军中将——小泽治三郎。小泽海上作战履历相当丰富，首次提出了以航母为核心的航空舰队编制思想，并在珍珠港实践了这种思想，这一战术此后也被美国海军采用，并影响至今。

小泽治三郎

　　小泽治三郎参与了太平洋战争中几乎所有的主要作战，但是和南云忠一不同。南云忠一和小泽治三郎的经历差不多，很多人都在假设，1941年12月7日偷袭珍珠港的时候，要是让小泽治三郎指挥会不会更好？事实上，日本在用人的时候会首先考虑资历。南云忠一是1908年海军学校36期毕业的，小泽比他晚一届，是1909年37期毕业的，毕业成绩南云忠一排名第7，小泽治三郎排名第45，所以舰队指挥官一职，前期还是南云忠一担任得比较多。不过南云忠一总是指挥失误，后期被调到塞班岛上指挥地面作战，最终自杀身亡。

　　小泽治三郎其人，冷静、沉着、稳健，非常有学问，是公认的首屈一指的航空战斗专家。现在的以航空母舰为核心的特混舰队的概念就是小泽治三郎首先提出的。另外，他在指挥体制上还创造了世界上最强大的航母战队，就是以航母为核心，组成航母战队，再把它放大成联合舰队。

硬 核 知 识

以航空母舰为核心的特混舰队就是以航空母舰为中心，任命一个将军担任指挥官，周围给它配护航舰队，而航母的战斗力由它本身和它的舰载机构成。

小泽治三郎从海军学校毕业之后，从少尉干起，靠自己的本事一步一步往上走，在水面舰艇、鱼雷艇、驱逐舰、巡洋舰、战列舰、航空母舰上都工作过，当过舰长、舰队参谋、舰队指挥官，也当过航空战队的指挥官。舰队指挥官主要指挥航空母舰和护航舰艇，航空战队指挥官主要指挥舰载机。所以他海上作战的履历非常完整，个人能力超群。

小泽治三郎具体担任过哪些指挥职务呢？

1941 年 12 月 2 日，当时日本在筹划两个战役方向：一个是偷袭珍珠港，由南云忠一指挥；另一个是东南亚战役，跟珍珠港遥相呼应。日本为此组织了一支南迁舰队，向南方派遣，这支舰队的司令长官就是小泽治三郎，他的主要任务是从海南三亚（当时被日本占领）出发，在 1941 年 12 月 2 日护卫山下奉文大将的二十五军到马来半岛登陆。原来日本准备先打响珍珠港战役之后再登陆马来半岛，结果马来战役比偷袭珍珠港早了好几个小时。

不巧的是，小泽治三郎撞上了丘吉尔从大西洋派来的远东舰队。远东舰队编入了排水量约4万吨的威尔士亲王号战列舰、反击号重巡洋舰，还有一支由4艘驱逐舰组成的编队。其中，威尔士亲王号不久前曾参加击沉俾斯麦号的战斗，丘吉尔和罗斯福还在舰上签署了《大西洋宪章》。小泽治三郎当时手下有一支驻越南（西贡）的第22航空队，属于他指挥的南迁舰队。他发现了远东舰队之后，想指挥南迁舰队和威尔士亲王号战列舰编队进行正面海上作战。但是威尔士亲王号战列舰转向了，正好进入西贡的岸基轰炸机的作战半径，于是小泽治三郎见机行事，让22航空队起飞了86架轰炸机，突袭英国舰队。结果，英国舰队很快就被歼灭了，日本的海上舰队基本没有出动。

这次胜利在某种意义上也是空前绝后的，因为1905年日俄战争以来，日本的海军和陆军矛盾重重，而且一直是海军受制于陆军，双方互不配合，这是日本陆军、海军配合得最为完美的一次战斗。所以，山下奉文在东南亚战役表现出色，菲律宾、新加坡的美军和英军一路投降，和日军海上的掩护护卫是分不开的。

在南迁舰队司令之后，小泽治三郎担任了第一南迁舰队司令官，1942年1月继续在马来半岛地区进行作战，掩护山下奉文的部队在马来半岛扩大进攻，入侵苏门答腊和爪哇。

1942年4月，日本开始向印度洋孟加拉湾方向进军。这个时期，日本曾一度想占领印度，攻打了锡兰等地。其间，南云忠一指挥第一航空舰队的 5 艘航空母舰，消灭了英国的竞技神号航母和一些海上机动舰队；小泽治三郎指挥的第一南迁舰队则主要打击商船，他率领龙骧号和另外 5 艘巡洋舰及重巡洋舰，三天之内击沉了 23 艘英国民用船只，这些船只的排水量总共将近 14 万吨，切断了英国从欧洲到亚洲方向的海上交通线。如果照此趋势继续发展，日本拿下印度基本不成问题，但是因为当时日本要准备中途岛作战，又担心美军从巴拿马运河前来支援，所以就放弃了印度洋作战，南云忠一和小泽治三郎回撤到中太平洋。

1942 年 11 月，小泽治三郎又接替南云忠一担任了第三舰队司令，开始进行中太平洋一带的海上机动作战。南云忠一此时被派到塞班岛指挥陆军作战，守岛去了。

1944 年日本海军重组，把第二舰队并入了第三舰队，重新成立第一机动舰队，由小泽治三郎指挥。这支第一机动舰队恰恰就是 1941 年 12 月 7 日偷袭珍珠港时南云忠一指挥的舰队。在马里亚纳海战中，小泽治三郎指挥了 9 艘航母、450 架舰载机，结果 3 艘航母被击沉，3 艘航母被击伤，舰载机只剩下 35 架，几乎损失殆尽。

最后一战，也就是 1944 年 10 月的莱特湾海战，小泽治三郎率领诱饵舰队，成功引诱了哈尔西舰队。莱特湾海战之后，日本海军基本全军覆没，已经没有航母了。这个时候，小泽治三郎担任了日本军令部次长兼海军大学校长，还当过教授。

小泽治三郎从海军军校毕业，从少尉做起，1935 年担任战列舰舰长，晋升为少将，1940 年晋升为海军中将，最后担任联合舰队司令长官，这时他应该晋升为海军大将，但是他拒绝了。而美国的斯普鲁恩斯，1942 年 6 月 4 日中途岛海战时还是少将，4 年以后晋升为上将，战后晋升为五星上将。相比之下，小泽治三郎在战前已是中将，战后拒升军衔，转而担任海军大学校长，这和他个人稳健的风格很有关系。1945 年日本投降之前，好多日本军人纷纷自杀，小泽当时任军令部次长兼联合舰队司令长官，他就禁止部下自杀，说人人自杀的话，将来就无人承担战争责任了。战后东京审判的时候，远东国际法庭讯问小泽治三郎，为什么最后率领诱饵舰队，引诱哈尔西把 4 艘航空母舰全部击沉了？他回答说没有为什么，还说日本是个岛国，99% 的物资都要依靠海上运输，而盟军已经把日本的海上交通线全部切断，日本也失去了台湾海峡和菲律宾，留着那些舰艇也毫无用处了，更何况当时也没有油，航母沉没是早晚的事。这就是小泽治三郎的战略思维。最终，小泽被无罪释放。

1966 年，小泽治三郎去世，享年 80 岁。

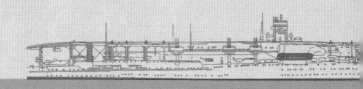

中篇

二战中日本建造的航母

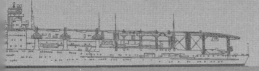

第
八
章

军舰改装的"航母预备舰":
明修栈道,暗度陈仓

祥凤号、瑞凤号、龙凤号、千岁号、千代田号是航母预备舰,
虽然这几艘航空母舰使日本的航母在数量上有所提升,但在
实战中,却没有起到太大的作用,这究竟是什么原因呢?

祥凤号航空母舰

背景知识

1922 年《华盛顿海军条约》签署之后，日本海军舰艇的总吨位、单舰的吨位都受到了限制。由于无法发展大型舰艇，日本就只能利用商船或者军辅船等不引人注意、不接受核查的装备，在战争迫近的时候对其进行为期 3~6 个月的应急改装。经过这样一番改头换面，民用船只或者潜艇支援舰摇身一变就成了航母。龙凤号、瑞凤号、祥凤号及千岁号、千代田号就是用军舰改装而成的航空母舰，用来保证日本海军在战争当中紧急动员的能力。

航母预备舰的由来

航母预备舰是用潜艇支援舰（也叫潜艇母舰）改装而成的航母，还有一些类似的航母，由民用船只或水上飞机母舰改装而成。这种改装操作是日本这样的国家在和平时期应对国际条约的核查而采用的战争动员方式，这种方式被称作"寓军于民、平战结合"。

这期间改装的航母预备舰，虽然战斗力不像赤城号、加贺号那么强，但对和平时期的航空母舰建设来说，是具有重要意义的。在《华盛顿海军条约》生效长达 15 年的和平时期，大国之间为了维护和平，大都降低了军费投入，减少了舰艇建造的数量。

而日本在这种国际局势之下，使用了一点小计谋，既保持了舰艇的建造数量和规模，又维持了造船厂的生产能力，使战时拥有能够动员的装备，这就是一种"平战结合"的模式。

这种模式在第二次世界大战期间，也被其他国家广泛采用。比如英国在马里亚纳海战当中，就使用了这种民用船只改装的策略，其将近一半的舰艇都是由民用船只改装的，有的改成航空母舰，有的改成直升机运载舰，对取得战争胜利起到了非常重要的作用。

日本用潜艇支援舰改装而成的航母主要有 3 艘。一艘是祥凤号，一艘是瑞凤号，还有一艘是龙凤号。这里要给大家普及一个知识，日本舰艇的取名方式和中国有点相似，同一个级别的舰艇基本上都是一个类型的名字，比如什么凤、什么鹰之类的。

出师不利的祥凤号

1934—1935 年，横须贺造船厂开始建造两艘"高速给油舰"——剑埼号和高埼号（但实际建成后已经是"潜水母舰"，无论怎样称呼都不过是幌子，本质上这两艘舰艇就是航空母舰，名称只是为了掩人耳目）。这两艘油船排水量各 1.2 万吨，能装 4000 多吨重油，航速可达 19 节。万吨级的油船往往具备一定的排水空间，这就具备了将其改装成航母的先决条件。当时日本海军建造油船时，就已经考虑到完工时不再受条约限制，便提前按照航母预备舰来规划，比如动力方面设计 19 节航速，船体正前方设置独立舰桥，参照油库设计两层机库，按照航空母舰规模布设舰内管线，配备一部升降机等。但这种设计多留了一部分改装空间，设计上存在冗余。为了掩人耳目，日本人在高速给油舰的上甲板中央竖立了一个木制假烟囱，这样无论是在飞机上照相，还是到码头上去看，看到的不是一马平川的飞行甲板，而是一艘有巨大烟囱的给油舰或是潜艇支援舰。

祥凤号是这样改装的

1940 年 11 月，日本的国际关系开始紧张，在这种情况下，日本决定把剑埼号改装成祥凤号。

祥凤号的前身剑埼号

他们首先拆掉了木制的假烟囱，在原来的基础上加装了木质的飞行甲板，飞行甲板的下方就是原先在舰体正前方的舰桥。这些都是比较简单的改装，棘手的问题出现在动力上。原先的动力由柴油发动机提供，不过柴油发动机在当时属于高新技术，质量还不太过关。对排水量 1.2 万吨的大舰来说，柴油发动机提供的动力远远达不到 29 节的设计航速，只能满足 17 节航速，但 17 节航速又很难使飞机起飞。一般航空母舰的航速至少要达到 25 节，最理想的是能达到 30 节，但是用油轮、民用船只等改造的舰艇很难达到这么高的速度。为了改造动力，日本耗费了将近一年的时间，把剑埼号"开膛破肚"，塞进了驱逐舰用的蒸汽锅炉，使航速提升到 28 节。至此，祥凤号才算改装完成。

祥凤号的任务

像祥凤号这样的轻型航母、护航航母，很重要的一个任务就是运送飞机，即把战斗机、攻击机从日本本土运往当时日本占领的海外岛屿，然后再返回。

1942 年 2 月，祥凤号服役后第一次参加作战执行的就是这个任务，它被编入第一航空舰队的第四航空战队，主要任务是往西南太平洋特鲁克群岛运送飞机。3 月，祥凤号继续作为飞机的运载舰，往拉包尔海外基地运送飞机。

直到当年 5 月，祥凤号参加了莫尔兹比港攻坚战。日本在夺取特鲁克群岛、拉包尔、图拉吉岛之后，准备进攻莫尔兹比港。莫尔兹比港就在珊瑚海的周围，和澳大利亚隔海相望，是守卫澳大利亚的港口，也是美国和澳大利亚坚守的堡垒。

当时日本的战略部署是：攻克莫尔兹比港，据此占领新几内亚，控制珊瑚海和帝汶海，从而切断美国夏威夷到澳大利亚之间的联系，切断澳大利亚和西南太平洋诸岛的联系。在此次战略作战过程中，祥凤号的任务是外围警戒，就是在日本海军掩护下的陆军乘坐登陆艇登陆时，起飞舰载机进行外圈的警戒。

5月6日，珊瑚海海战中，日本出动了翔鹤号、瑞鹤号两艘航空母舰，结果飞行员将一艘美国油轮误判成美方的航空母舰，将其连带护航的驱逐舰一并击沉了。5月7日，意图报复的美军也动用了它的舰载机，四处搜寻日本的航母及装备，结果发现了祥凤号。因为美军也是第一次进行航空母舰作战，缺乏经验，犯了与日军相似的错误，把祥凤号这艘轻型航空母舰误判成翔鹤号、瑞鹤号这样的大航母，动用了93架飞机对其进行轰炸，祥凤号命中了13枚炸弹、7枚鱼雷。35分钟后，大约700名日军随着祥凤号航母一同沉没了。

这是日本在二战中损失的第一艘航母，也是沉没得最快的航母。

遭受攻击的祥凤号

祥凤号航空母舰（1942 年）

性能参数	
满载排水量	1.4 万吨
全长	205 米
功率	5.2 万马力
最高航速	28 节
乘员	787 人
舰载机	
战斗机	零式舰载战斗机 7 架
	96 式舰载战斗机 5 架
攻击机	97 式舰载攻击机 10 架
武装	
防空火力	89 式 127 毫米口径高射炮 8 门
	96 式 25 毫米口径机枪 12 挺

身经百战的瑞凤号

高埼号改装的航母叫瑞凤号，也算祥凤号的姊妹舰。有了剑埼号的前车之鉴，高埼号在船坞里就直接按照航母的标准进行建造了。

在动力方面，驱逐舰的蒸汽机早早入场取代了柴油机，以避免"开膛破肚"的二次加工。相对来说，瑞凤号的改装比较顺利。

1942 年 6 月，刚刚服役的瑞凤号被编入了近藤信竹的供应部队，参加了中途岛海战。这是瑞凤号第一次参与作战，结果由于进攻舰队的 4 艘航空母舰全部沉没，日方提前撤退，错过了作战的最佳时机。8 月，瑞凤号前往所罗门群岛，接替了沉没的龙骧号，和翔鹤号、瑞鹤号一起成为所罗门战役的主力。10月，在圣克鲁兹海战中，瑞凤号舰尾中弹，飞行甲板裂开一个15米长的大口子，所幸在此之前舰载机已全部放飞，除了失去起降飞机的能力，没有太大的损失。之后瑞凤号返回佐世保进行维修，一个月后重返战场，投入瓜岛海战。不过此时的瑞凤号已经没有太多的作战机会，此后基本往返于日本本土和前线，负责运送飞机和军需品，重新发挥它作为运载舰的作用。

中途岛海战中，山本五十六把日军分为4个编队。其中南云忠一指挥的机动编队主要有4艘航空母舰——赤城号、加贺号、苍龙号、飞龙号。作为主要的进攻舰队，核心任务是空袭中途岛，引诱美国夏威夷珍珠港里残余的航母战斗群和其他巡洋舰前来支援。在美军支援过程中，南云忠一使用4艘航空母舰的舰载机围点打援，把前来支援的美国航空母舰残余部队在海上歼灭。其他部队，比如近藤信竹的供应部队，是从印度洋调派过来的，主要任务就是为登陆部队提供登陆作战的掩护、火力支援。瑞凤号就被编入了近藤信竹的这支部队。

1944年6月，瑞凤号加入小泽治三郎的第三舰队，参与了马里亚纳海战。在这场战役中，小泽治三郎集中了日本9艘航空母舰，在这个庞大的编队里，瑞凤号跟随千岁号、千代田号被编入第三航空战队，和大和号、武藏号这两艘当时世界上最大、满载排水量近7.3万吨的战列舰编在一起，给后者进行空中掩护，在舰队的前方，负责开路，进行扫荡。当时，第三航空战队一共编入400架飞机，一天发动两次攻击，400架飞机全部出动，最后都被击落了，战绩平平。虽然之后人们将问题归咎于小泽治三郎的指挥能力，但其实1944年的时候日本的优秀飞行员十分缺乏，战场上的飞行员基本全是"菜鸟"，只训练个把月就开始上战场，没什么作战能力。马里亚纳海战结束以后，日本的航空母舰基本上已经名存实亡。

虽然日本在马里亚纳海战中损失了3艘航母，但是瑞凤号逃过一劫，没有被击沉，所以有机会参加了1944年10月的莱特湾海战。莱特湾海战是日本打的最后一次大的海战，莱特湾海战以后就是美军夺取菲律宾，美军在菲律宾进行了大规模登陆，登陆之后压缩了日本的生存空间，并继续向日本本岛推进；接下来的第二年就是冲绳海战，那是对日本的破门之战。冲绳海战时，日本海军已经没有什么进攻能力了，而莱特湾海战时日本海军尚有些战斗力。

因舰身后半部的飞行甲板遭美军攻击而受损的瑞凤号

当时，瑞凤号、瑞鹤号、千代田号、千岁号4艘舰艇编队，在莱特湾战场东北方向充当诱饵舰队，舰上的舰载机不停地起飞，引诱哈尔西舰队的火力去和小泽治三郎指挥的最后几艘航空母舰编队进行作战。

哈尔西的舰队被引开之后，就等于离开了它的战斗岗位，它的主要任务是为美国数十万人的庞大登陆舰队提供空中支援。因为千军万马在登陆的时候就跟下饺子一样，如果没有空中支援，就等于没有任何战斗力和反击能力。

小泽治三郎将哈尔西的舰队引诱走之后，美军就存在一个战略空缺，这时栗田健男率领武藏号等战列舰、巡洋舰、重巡洋舰从中间突破过来，直插美国的登陆舰队。哈尔西舰队的擅离职守导致美国的登陆舰队悬于生死一线，栗田健男马上就要取得史上最大的胜利——歼灭成千上万的美国登陆部队。但是这时栗田健男却犯了疑心病。

栗田健男先直接一顿猛攻，还击沉了美军的一艘航空母舰，快打到登陆部队的时候，他却产生了怀疑，担心美军有什么其他安排，心里没底，就往回撤退了。其实，日本差一点儿就要取得一场罕见的巨大胜利，结果却打了退堂鼓。与此同时，小泽治三郎的诱饵舰队任务完成得非常出色，哈尔西上将被引诱过去之后，率领美国的航空母舰对着日本的一堆烂舰艇开了火。瑞凤号最后中了2枚鱼雷、4枚炸弹，被炸沉了。

瑞凤号开始是高速给油舰，建成后是潜水母舰改装的一艘轻型航母，没起过什么大作用，但也算是身经百战。服役之后，它参与了中途岛海战、南太平洋圣克鲁兹海战、瓜岛海战、马里亚纳海战、莱特湾海战，几乎一些重大的海上作战都参加了，可以说太平洋战争前期、中期、后期的大型战役都参加了。比起它出师不利的姊妹舰祥凤号，它的战功还是比较卓著的。这是日本用高速给油舰，或者可以说是潜水母舰改装的第二艘航空母舰。

瑞凤号航空母舰（1944 年）

性能参数	
满载排水量	1.4 万吨
全长	205 米
功率	5.2 万马力
最高航速	28 节
乘员	787 人
舰载机	
战斗机	零式舰载战斗机 21 架
攻击机	天山舰载攻击机 9 架
武装	
防空火力	89 式 127 毫米口径高射炮 8 门
	96 式 25 毫米口径机枪 66 挺
	120 毫米口径二十八联装喷进炮 6 座
雷达	21 号电探（对海）
	13 号电探（对空）

命运多舛的龙凤号

龙凤号是用另外一艘潜艇支援舰改装的，这艘舰叫大鲸号。大鲸号比剑埼号和高埼号更早建成，但它是最后一艘改装成航母的。

龙凤号服役中的"绊脚石"

改装过程中除了相似的动力不足问题外，还因为1933年建造时采用的是电焊工艺，正好碰上了"第四舰队事件"，结果完工之后又进行了铆钉加固。这是它服役路上的"绊脚石"，但不是唯一的"绊脚石"。

龙凤号的前身大鲸号

大鲸号在改装成龙凤号时，日本已处于偷袭珍珠港之后的战时状态。由于不再受条约限制，又出于战时需求，所以日本计划三个月完工龙凤号，却不料折腾了一年又一年。

祥凤号、瑞凤号和龙凤号三艘舰艇都遇到这个问题，起初想得简单，却在改装时耗费了很多时间及精力。主要原因是什么呢？其实就一个——主机问题。不管是发展舰艇还是飞机，速度是关键。主机不行，速度就无法提高，没有速度就更别谈飞机的降落和起飞了。航空母舰的速度按理不能低于30节，而这3艘航母速度只能达到17

节，为什么？因为当时的新技术柴油机不过关，需要费一番工夫拆换主机，主机相当于人的心脏，而改装时舰艇几乎已经完工，相当于开膛破肚做个大手术，换颗新的心脏进去，非常麻烦，于是只能在横须贺造船厂进行改装。

在瑞凤号改得差不多时，也就是1942年，碰上杜立特空袭东京。1942年4月18日，大黄蜂号上起飞了16架B-25，本应陆地机场上起飞的战略轰炸机在航空母舰上起飞了，这是空前绝后的，是世界战争史上的第一次。在轰炸东京的过程当中，横须贺造船厂（以下简称"横须贺"）的船坞里正好停着龙凤号，改装已经接近尾声，却被炸弹命中了。

事实上，横须贺只遭受了这一次意外空袭，虽然之后美国的飞机一天到晚轰炸东京，东京在大火中基本被夷为平地，但是美国从来没舍得炸毁横须贺。横须贺就是今天美国太平洋舰队第七舰队司令部的所在地，也是日本海上自卫队重要的海军基地。美国为什么不炸横须贺？因为造船厂所在的地理位置十分优越，美军可以在占领东京之后，将舰艇停靠在这里，紧贴东京，所以舍不得炸。

龙凤号中弹之后，改装收尾加上维修，又耗时好几个月。直到1942年底，龙凤号才正式服役。这就是与剑埼号、高埼号相比，它建造得最早，却是最后一艘改装完的航空母舰的原因。

龙凤号的"战绩"

龙凤号真正上战场是在1942年11月，当时瓜岛海战（1942年

龙凤号航空母舰

8月—1943年2月）已经开始了。龙凤号准备了好久，准备出发支援瓜岛作战，没想到出师不利，没出内海就被美国潜艇发现了，遭击受损，又返回维修。修完之后，它主要负责执行训练任务，或者本土和海外基地之间的运输工作，再未参与重大战事。

直至1944年，日本没什么精兵强将，只能让老弱病残齐上阵了，最后全部9艘航母，包括龙凤号在内，都被派出参加马里亚纳海战。3艘冲锋陷阵的航母被击沉了，而龙凤号就在战场的角落里起飞几架侦察机，倒是毫发无损地回到了日本，停在濑户内海无所事事。1945年冲绳海战以后，美国开始空袭日本本土，于是向这个停靠在港内的排水量万吨的大块头投了一堆炸弹。被3枚炸弹命中之后，龙凤号被转移到江田岛，用一些树枝伪装成防空炮台，再也没发挥什么实质作用了。

战争结束之后，龙凤号在1946年2月被拆解。

龙凤号航空母舰（1945年）

性能参数	
满载排水量	1.67 万吨
全长	215 米
功率	5.2 万马力
最高航速	26.5 节
乘员	989 人
舰载机	
战斗机	零式舰载战斗机 21 架
攻击机	天山舰载攻击机 11 架
武装	
防空火力	89 式 127 毫米口径高射炮 8 门
	96 式 25 毫米口径机枪 66 挺
	93 式 13 毫米口径机枪 6 挺
	120 毫米口径二十八联装喷进炮 6 座
雷达	21 号电探
	13 号电探

姊妹花千岁号及千代田号

日本另外两艘航空母舰千岁号、千代田号，我们在讲太平洋战争的时候经常会提到它们。这两艘舰艇是 1934 年开始建造，1938 年开始服役的。

它们是专门设计建造的水上飞机母舰，在执行任务时主要有两种状态。在和平时期，它们主要作为油料补给船，在海上给别的船只加油，大概可以装 2750 吨燃油，此外携载 24 架水上飞机。

千岁号航空母舰

　　在战时状态，它们携载的飞机数量减少一半，由 24 架降到 12 架，携载的油料也由 2750 吨减少到 1000 吨，新增携载 12 艘甲标袖珍潜艇，袖珍潜艇主要执行水下特种任务。袖珍潜艇出航主要由千岁号、千代田号这种水上飞机母舰来执行，但很少有记载。其实在 1941 年 12 月 7 日日本偷袭珍珠港时，就有 5 艘袖珍潜艇率先进入珍珠港去侦察，结果被美国驱逐舰发现击沉了。此前大家一直怀疑这件事情的真实性，直到前些年这几艘小潜艇的残骸被捞上来。这样的小潜艇能够航行这么远，主要靠千岁号、千代田号这样的舰船携载。这是一种非常好的作战方式，就是把潜艇携载到作战海域，然后让它们在目标区域下水，执行水下侦察或者破坏任务，这也是千岁号、千代田号在战争中发挥的主要作用。

　　千岁号、千代田号也在中国战场上参与了相关战争，在中途岛海战以后又被改装成航母，参加了一些作战任务。千岁号的后续舰叫瑞穗号，瑞穗号是 1937 年建造、1939 年完工的，执行的任务和千岁号差不多，和千岁号基本上是同时期的舰艇。这艘舰在1942年5月2日被潜艇击沉，是被击沉的第一艘水上飞机母舰，因为早早地就被击沉了，没有机会被改造成真正的航母。没过多久，日本又有一艘航空母舰被击沉，就是珊瑚海海战中改装的排水量1万多吨的祥凤号。祥凤号之后，被击沉的就是赤城号、加贺号、苍龙号、飞龙号，再接下来被击沉的航母就更多了，日本的航空母舰大部分都是被潜艇和飞机击沉的。

千代田号水上飞机母舰

龙凤号、瑞凤号、祥凤号，以及千岁号和千代田号，这5艘航空母舰都是日本在二战过程中，通过用军舰改造航空母舰的方式，来保证日本海军在战争过程中实施紧急动员的产物。但是从实战效果来讲，这几艘航空母舰在数量上是有了，却没有起到什么太大的作用。

硬 核 知 识

我们之前讲的日本几艘改装的航母，在改装后都改过名。因为航母是主力舰，比辅助舰船的等级高，一般都需要改名。只有那些战列舰改装的航母不改名，因为战列舰比航母还要高一级。但是千岁号、千代田号却是例外，因为这两艘战舰的舰员在改装时强烈要求保留当时的舰名，所以日本海军尊重了这些舰员的意见，就没有给这两艘舰改名。

这些用航母预备舰改装的轻型航母，虽然是用不同的舰改装的，但是结构上都大同小异，这是因为这些舰船在设计时就考虑到了未来改装的需求，大量使用了标准化的设计思路。不过，因为都是用一些辅助舰船改造的，所以这些航母没有任何装甲防护，在战场上非常脆弱。千岁号、千代田号这两艘姊妹舰和我们上面说的瑞凤号一样，都是在莱特湾海战中作为诱饵，被美国海军的优势兵力用飞机击沉的。

千岁号航空母舰（1944 年）

性能参数

满载排水量	1.36 万吨
全长	192 米
功率	5.68 万马力
最高航速	29.4 节
乘员	1084 人

舰载机

战斗机	零式舰载战斗机 21 架
攻击机	天山舰载攻击机 9 架

武装

防空火力	89 式 127 毫米口径高射炮 8 门
	96 式 25 毫米口径机枪 60 挺
	120 毫米口径二十八联装喷进炮 6 座
雷达	21 号电探
	13 号电探

千代田号航空母舰（1944 年）

性能参数

满载排水量	1.36 万吨
全长	192 米
功率	5.68 万马力
最高航速	29.4 节
乘员	1084 人

舰载机

战斗机	零式舰载战斗机 21 架
攻击机	97 式舰载攻击机 9 架

武装

防空火力	89 式 127 毫米口径高射炮 8 门
	96 式 25 毫米口径机枪 60 挺
	120 毫米口径二十八联装喷进炮 6 座
雷达	21 号电探
	13 号电探

民用船只改装的特设航母：
注定的败笔

日本在二战中用民用船只改装航空母舰，这个话题很少有人研究。虽然现在日本的航空母舰数量很少，只有出云号、加贺号、日向号、伊势号四艘，但其背后的战争动员能力、民用船只动员能力都值得关注。

改装成航母之前的日本民用船只

二战中，日本政府出台扶持政策，鼓励使用民用船只改装航空母舰，是一个相当重要的举措，因为这涉及和平时期的战争动员。民用船只在和平时期的储备及准备工作，以及战争爆发之后对其的动员能力和将其改装成航空母舰的技术，对一国而言也是十分重要的课题。

民用船只改装航母的由来

用民用船只改装航空母舰，其实最早是从英国开始的。英国是世界上最早发展航母的国家，世界上第一艘全通式飞行甲板航母——百眼巨人号，就是英国用客轮改装的。1923年竞技神号完工，它是第一艘真正以航母标准设计建造的航母，而在这之前，英国大概改装了9艘航空母舰，主要使用各种民用船只进行改装，包括油轮、客轮、货轮等，还有的是巡洋舰改装的。

为什么用民用船只进行改装呢？因为第一次世界大战以后，《华盛顿海军条约》对各签约国海军造舰单舰的最大吨位以及舰艇的总吨位进行了限制，同时有一个核查机制，看看大家是否遵守条约。为了逃避国际监督核查机制，日本耍了一些小聪明，大力发展商船队以保持战争时期的动员能力。今天我们常说的"平战结合""军民结合""寓军于民"等作战模式，其实日本在太平洋战争时就开始使用了。

由于在《华盛顿海军条约》生效时期积累了许多民用船只，所以二战时期，用民用船只改装航空母舰成为一种时尚，二战时英国和美国在大西洋作战中改装了上百艘护航航母，太平洋战争中美国也改装了将近 200 艘航母，其中有 100 多艘是护航航母，这些航母主要执行反潜巡逻、对岸作战支援、海上飞机护送、飞机运送、空中护航等任务。

日本为何选民用船只改装航母？

二战中，日本服役的航母有 25 艘，还有 4 艘没有建造完成的，一共有 29 艘航母。25 艘服役的航母当中，有 7 艘是民用船只改装的——占其航母总数的约 30%。历史上，英国对改装成航母的民用船只类型的选择比较宽泛，普通运输船、油轮等都可以改装，美国也用运输船改装过航母，比如兰利号就是利用运煤船改装而成的。相较之下，日本改装成航母的船舶都有一个特点：全是由大型高速客轮（也叫邮轮）改装的。

日本为什么选择这类船只来改装航母呢？是由于一位舰艇设计师，这个人我们在前文也提到过，他就是日本当时非常出名的舰船设计师平贺让，当时他所担任的职务相当于中国的专业技术中将，最后晋升到帝国海军技术中将。1923 年，平贺让到欧洲访问，当时英国民用船只的技术水平在全世界领先。在考察了英国各种民用船只之后，他认为只有大型高速客轮才能够满足航空母舰的改装条件，原因有三：第一，这种民用船只船体巨大，便于安装飞行甲板，改装机库、升降机、重油舱、航空汽油库、弹药库这些设施；第二，出于洲际远洋旅行的客运需要，大型高速客轮的航行速度都在 20 节以上，这也达到了航空母舰的航速要求；第三，这种民用船只包含住舱，改装成航母之后居住不成问题，而且船的生存性和不沉性标准比较高，还配有救生设备，相邻舱进水不沉，在这些方面比那种单独运输煤油的货船要好一些。不过，这种民用船只的缺点也很明显：个头太大，在海上作战时目标比较明显，容易受到攻击；不沉性也达不到军用标准，而且没什么装甲，防御能力比较薄弱。

其实，在一战结束以后日本就开始研究用民用船只改装大型航空母舰了。当时日本得出的经验是：船只排水量最少得 1.5 万吨，最好 2 万吨以上，速度在 20 节以上，因为速度太低飞机是飞不起来的。虽然日本的造船技术当时在世界上比较先进，但是跟英美德相比还有很大差距。德国当时已经能造排水量 5 万多吨的客轮了，而日本还很难造出排水量两三万吨以上的船只。

19 世纪末 20 世纪初，日本建造了 3 艘民用船只，其中一艘叫浅间丸号，这艘船排水量 1.7 万吨、航速 21 节。日本政府觉得这艘船条件不错，20 世纪 30 年代就把它列入航母预备舰的项目中了。列入这个项目之后，政府会给予一定的资助。被列入航母预备舰的船只，在和平时期当普通商船使用，打起仗来就会被动员，按照军队的要求改进它的设计。

1937 年，日本政府开始鼓励民间建造优秀的船舶，便于将来进行改装。在这个过程当中，海军给予了大力的资助。当时很多民间造船公司非常愿意参加这个项目，因为政府会资助一部分资金，所以日本在这一时期建造了一大堆符合条件的"丸"。橿原丸号、新田丸号、阿根廷丸号、巴西丸号这些民用船只，每艘的排水量都在1.2万吨以上，航速达到21节，都被日本政府列入航母预备舰计划了。当时，航母预备舰计划项目是严格保密的，被列入项目的船只在15年内不得雇用外国船员，日本国民直到二战结束之后解密了一些材料，才知道这些船的存在。

日本的三个船舶助成制度

日本是一个岛国，四面环海，和其他国家都不接壤，隔海而望。如果它想跟其他国家有经济往来，进行进出口贸易，不能像大陆国家用高速公路、铁路这些陆路交通线来实现跨国跨洲的运送，必须依赖船舶，所以海上运输对日本来讲是生命线。因此日本特别重视海上运输，政府也鼓励民间造船企业大量造船。明治维新以后，日本的造船工业得到了大力发展，一直到1894年甲午海战，日本造舰能力得到了大幅度提升。1905年日俄战争以后，它的造舰能力进一步提高。1914年第一次世界大战以前，日本的造舰能力可以排世界第五位，算是非常厉害了。

第一次世界大战期间，各主要参战国都在大量建造军舰，日本一看其他国家都建造军舰，便另辟蹊径，把精力转到建造商船上，在这一时期建造了大量的商船。因为一打起仗来，海上运输就成为刚需，这些商船会被各个国家雇用，帮着其他作战国、交战国运送海上物资，所以日本靠此在一战期间赚了很多钱，大发横财。

第一次世界大战结束以后，资本主义世界爆发了经济危机，这个时候全球的造船业都不景气，因为市场萎缩，生产锐减，运输需求大大减少，船舶就过剩了。日本政府担心如果造船行业太萎靡，将来遇上战争，想要用民用船只改装航母、巡洋舰或者其他舰艇的话，会无船可用，所以1932年日本政府推出了第一个鼓励民间造船的计划——"船舶改善助成制度"，"助成"就是帮助完成的意思。政府会拿出一笔钱，帮助民营企业度过经济危机，让它们淘汰老旧的船舶，建造更多的新型船舶。如果企业设计的船舶满足政府和海军的要求，那么政府给的资助金额一般是造船总额的三分之一左右。如果造排水量一两万吨的船，资助金的三分之一是很大一笔钱了。这个"船舶改善助成制度"一共支持了48艘船的建造，排水量共计30万吨。在政府的支持下，日本造船业度过了这段经济危机，在1936年逐渐恢复元气。

1936年12月31日，《华盛顿海军条约》到期，此后日本造船业的发展不再受限制，于是日本开始和美国等国家展开造船竞赛。这时日本政府出台了第二个鼓励民间造船的制度——"优秀船舶建造助成制度"。根据这个制度的规定，排水量6000吨以上、航速19节以上的商船就可以得到资助，这种要求也是为了便于战时改装，为战时动员的征召做准备。这个项目一共资助了11艘船，总计排水量15万吨，其中3艘新田丸级民用船只和2艘阿根廷丸级民用船只被海军征用。这5艘船里，除了1艘被改装成特设巡洋舰之外，其他 4 艘全都被改成航母，分别是大鹰号、云鹰号、冲鹰号、海鹰号。

1938 年，日本政府推出了第三个鼓励制度，叫作"大型优秀船舶建造助成制度"，提高了资助船舶的吨位要求。根据这个制度，日本赞助了橿原丸号、出云丸号这两艘民用船只。这两艘船在建造过程中（1938—1940 年）就被日本海军征用了，服役以后改名为隼鹰号和飞鹰号。

硬 核 知 识

民用船只改装航母是从英美传入日本的，英美称这种改装的航母为护航航母。在战争中，护航航母的任务非常明确：主要是在运输船队中执行反潜或运输飞机。一般英国的护航航母不参与舰队作战，也不像日本使用大型高速客轮进行改装，多用货轮、油轮、煤船等，吨位也比较小，几千吨或 1 万吨的都可以改造。所以这些民用船只改造速度特别快，一般三五个月就能完成一艘，一年能完成好几艘，同样级别的也能完成好几艘。二战中英美改装了一两百艘护航航母，数量惊人。战争结束后，这些改装成航母的船只还可以复原，继续作为民用船只使用。

虽然日本也用民用船只改装航母，但是它的改装思路不一样。日本的正规航母数量不多，于是更侧重从作战的角度考虑航母改装问题。所以，日本一开始就认为这些民用船只一定要按照正规航母的标准来改，日本海军也提出要求，改装的吨位要大，使用标准也要参照军用标准，一般航速要在 20 节以上，吨位在 1.5 万吨以上。所以，日本改装的航母要比英美改装的吨位大很多。日本最后一共改装了 7 艘航母。

日本在用民用船只改装航母时，是非常正规的，所以付出了大量的时间、精力和金钱，有的时候，改装一艘航母需要一两年时间，不仅花很多钱，还耗时又耗力，但结果却不尽如人意，改装的航母根本没有能力在一线作战。这一是因为改装后的航母没有装甲防护，二是因为船体设计跟不上舰载机的发展，甲板太短太窄，三是因为航速跟不上。其他国家的航母速度都在 25 节、30 节以上，而改装的航母航速只有 21 节、22 节，这样的速度无法让好的飞机搭载，所以这些改装的航母只能执行一些支援、训练、运输的护航任务，发挥不了大作用。

一直到 1945 年日本才明白过来，于是计划要像英美一样改装大量小型航母，但为时已晚，此时的日本已被美国进行了海上封锁，没有油和钢材。"巧妇难为无米之炊"，这个计划自然破产了，此时日本油尽灯枯，败局已定。

海上生命线

战争动员问题非常重要，涉及国防资源的布局。在这个问题上，日本主要表现为民用船只动员。经历过海战的国家和没经历过海战的国家，对海洋的感受是完全不一样的，所以日本特别重视战争动员问题，加之日本是一个岛国，对海洋的认识是非常深刻的，如果海上运输线断了，那就命悬一线了。

那日本该怎么生存？在二战中，日本遇到的最大麻烦就是美国，美国是从 19 世纪马汉海权论①开始控制海权的。

什么叫控制海权？就是控制海上的运输线。比方说一个国家的高速公路很多，我无法控制高速公路，那就只控制收费站即可。

美国就是采取了这一策略，它不是到处扩张殖民地，而是守在殖民地国家往返海外殖民地和本土的航路上，收取"过路费"，所以美国很重视"海上航行自由"。它认为的"海上航行自由"就是美国的船可以随便走，不允许它通行是不可以的，因为美国要控制海权。二战时，日本被美国封锁得最后连燃油都没了，不得已把松树根刨出来炼油。

现在很多历史学家都在争论，二战时日本为何会败给美国？有关这

---

① 阿尔弗雷德·赛耶·马汉（Alfred Thayer Mahan，1840 年 9 月 27 日—1914 年 12 月 1 日），美国海军上校及预备役少将。马汉的思想深受古希腊雅典海军统帅地米斯托克利及政治家伯里克利的影响，主要著述有《海权对历史的影响 1660—1783》《海权对法国革命及帝国的影响 1793—1812》《海权与 1812 年战争的关系》《海军战略》等。马汉认为制海权对一国力量最为重要。海洋的主要航线能带来大量商业利益，因此必须有强大的舰队确保制海权，以及足够的商船与港口来利用此利益。马汉也强调海洋军事安全的价值，认为海洋可保护国家免于在本土交战，而制海权对战争的影响比陆军更大。他主张美国应建立强大的远洋舰队，控制加勒比海、中美洲地峡附近的水域，进一步控制其他海域，再进一步与列强共同利用东南亚与中国的海洋利益。马汉的海权论对日后各国政府的政策影响甚大。

方面的讨论从跳岛战术到尼米兹航母作战，再到马里亚纳海战、莱特湾海战、冲绳海战等都有，还有美国对日本本土的空袭轰炸。其实，美军获胜最关键的是，1945年把日本的海上交通线全部切断了，日本被困在一座孤岛上，本土没有钢材、没有燃油，甚至连食物也匮乏，这导致日本资源、能源枯竭，没有战争持续能力。

二战中，日本损失了总计排水量1000万吨的民用船只，其中有一半以上是被美国潜艇击沉的，如果按照数量统计，美国潜艇击沉的日本民用船只数量是1113艘，共计排水量532万吨，相当于这些用民用船只改装的航母基本上全被潜艇击沉了。

1942年，美国潜艇一共击沉了180艘日本的舰船，共计排水量72.5万吨。为了便于比较，我们以甲午战争中北洋水师为例，当时北洋水师的所有舰艇加起来排水量才4万吨，而日本仅1942年一年就被美国击沉了72.5万吨排水量的舰船，造船速度再快也无法及时弥补如此惨重的损失。

1943年，美国采取狼群战术以后击沉了日本150万吨排水量的舰船，日本的进口物资减少了15%。1944年，美国已占据绝对优势，经过马里亚纳海战、菲律宾海战和莱特湾海战之后，日本的舰船损失殆尽，主要的航空母舰基本上都没了（前文已提到，赤城号、加贺号、苍龙号、飞龙号早在1942年中途岛海战就被击沉了；1944年马里亚纳海战，3艘大的航母翔鹤号、大凤号、飞鹰号被击沉）。

硬 核 知 识

最开始时，各国强调潜艇单艇作战，看到舰艇以后在水下老远用声呐听，听完之后悄悄过去进行伏击。1942 年，德国的卡尔·邓尼茨开始利用潜艇搞狼群战术，进行集体伏击。他在大西洋航线用这一战术击沉了 1160 艘盟军舰船，总计排水量 600 万吨。

1942 年初，为了摆脱美国对石油的封锁，日本占领了荷属东印度群岛（现印度尼西亚），并占领了当地的油田，以方便为日本提供石油。到 1944 年，美国已经开始进行海上封锁，日本运油船运不回燃油，日本海军的舰船无法加油，就把海军基地前移，移到印度尼西亚林加群岛，这里距离婆罗洲油田比较近，可以直接加油，加油以后，能够就近展开作战。不过，美国的潜艇又过来围追堵截，势必要封锁日本的油路。同时，美国也加大了对日本的海上封锁和打击力度，造成日本燃料短缺。

为了应对燃料不足的情况，日本采取了两个措施。一个措施是减少航空兵的训练，节省油料以供应战争的需要。这就导致飞行"菜鸟"增多，很多人刚学会驾驶飞机，飞行 20 多个小时就直接上战场，毫无战斗经验，更不用说打战术配合了，在战斗中被美国人轻易击落，以至于美国人把这次战争戏称为"马里亚纳猎火鸡"。而马里亚纳海战中的美国飞行员久经沙场，每个都是神枪手、神炮手，日本的飞机飞到空中之后，一架一架地被击落，毫无还手之力。

另外一个措施是直接使用婆罗洲原油，略去了冶炼的步骤。一般而言，原油经过冶炼后，特别好的部分用于航空航母，一般重油就用于民用船只或者普通舰艇。日本被美国封锁后，就直接使用原油了，但是未经冶炼的原油会慢慢挥发，不知不觉就充满了整个封闭的舰艇，这时候遇上一点火花，全舰就会一下子爆炸，大凤号就是这样沉没的。

到了1944年中期，美军有140多艘潜艇，更厉害的是这些潜艇还配备了雷达，可以升上水面，隔着一两百公里就能发现大块头的日本改装航母，然后潜艇隐蔽在水下偷偷潜过去，日本反潜能力又很差，因此被击沉了很多舰船。

后来，美国潜艇干脆进入日本海海域，日本的舰船每个月就要损失几十艘。仅1944年这一年，日本就有7艘航母被击沉，一艘被击伤。

在美国的封锁下，从1944年9月到1945年1月，日本本土从印尼得到的海上燃油的数量由70万吨减少到20万吨，而飞机、舰艇这些武器装备都需要油，这样一来日本就失去了战争可持续能力，面临被封锁的困境，只有招架之功，没有还手之力。

飞鹰号、隼鹰号：
民用船只改装航母的代表

飞鹰号和隼鹰号就是两艘用民用船只改造而成的航母。飞鹰号、隼鹰号两艘航母于1942年改造完毕，开始投入太平洋战场。中途岛海战中，日本海军主力航空母舰损失殆尽，飞鹰号、隼鹰号因此成为二战中后期日本海军的主力航空母舰，多次出现在战场上。

赤城号、加贺号、苍龙号、飞龙号、翔鹤号、瑞鹤号这样的大型航母都叫作舰队航母，属于攻击型航母。除此之外，日本还有用民用船只改造的航母，这些航母和正式的舰队航母相比，水平差一点儿，在太平洋战争当中没有发挥太大的作用，但这种航母的发展为和平时期航空母舰的发展和建设提供了很好的思路。

硬 核 知 识

面对《华盛顿海军条约》对海军军备的限制，日本1938年通过航母预备舰计划，选定具有改装潜力的民用船只，以备战时改装为航空母舰作战，作为激励，海军支付给选定的民用船只一定的费用。飞鹰号、隼鹰号等一系列鹰字号航母，即是军民两用计划的产物。

在"15年海军假日"期间，各国海军相当于放了15年假，都没有发展，通过限制海军军备、大舰巨炮，把钱用于改善民生。《华盛顿海军条约》规定美、英、日、法、意五国海军的主力舰总吨位比例为5.25：5.25：3.15：1.75：1.75。按照这一比例，15年间日本的主力舰吨位不能超过美国和英国的60%。国际条约签署之后必须要执行，并且会有一系列的核查机构对执行结果进行核查。

硬 核 知 识

比如伊朗要签核协议，承诺销毁核武器，签了协议之后，如果国际社会不信任它，就会有一些核查机制。什么核查机制呢？比如说，核查人员坐飞机突然就降落在德黑兰机场，然后带着设备直奔某个地方检查，不会提前通知，到了目的地也不通报，直接往里进，不让进也不行，因为是国际核查，这也叫飞行临检。

日本虽然签署了《华盛顿海军条约》，但还是想发展大舰巨炮、发展主力舰，可如果被查出违约，就会面临惩罚。于是日本决定悄悄追赶，怎么悄悄追赶呢？第一个办法是关起门来搞设计，做理论研究。开研讨会、写研究报告，这些内部的"小动作"倒是没什么问题，可以随便折腾。但是科学的东西光有理论不行，还要经过实践的检验。就像我们盖房子，不能只在纸上画图，得动手盖起来，看看实物会不会塌，是不是好看。舰艇也一样，需要把设计落实到真正的军舰建造上，才算是有了相应的成果。

日本为了悄悄追赶，就琢磨出第二个办法，在1938年通过了一个航母预备舰计划，就是日本政府在和平时期对具有改装潜力的民用船舶进行调查、选择。一直以来，像三菱、川崎这样的大造船厂，不管是造航母还是造战列舰，都属于私营企业，所以日本国防部和军部会先考察新造的民用船只是否具备改装航空母舰的潜力，比如，吨位是否达到 2 万吨，上甲板是否足够开阔以便装载飞机，航速够不够快等。如果军部认为达到条件，就会跟造船厂船东签订合同，商定和平时期船只民间自用，战时军方征用。在战前或者战争过程当中，政府决定征用船舶后，会向船东支付建造总费用的 60% 作为预付款。比如造一艘船需要 1 亿日元，政府就会提供 6000 万日元的资助。另外，如果战争导致船只沉没，政府还会有相应的赔偿。这样既避免了日常营运因征用造成损失，又节省了建造费用，船东也十分乐意，很多造船厂都加入了这一计划。

日本航母里所有的鹰字号都是由此产生的，它们都不是正经的航母，要么是轻型航空母舰，要么是护航航空母舰。这类军民两用的航母是本书多次提过的"平战结合，寓军于民"的产物，是国家战争动员非常重要的方面，很值得我们学习。

东京获得了 1940 年第 12 届奥运会的举办权。为了迎接奥运会，日本决定建造 9 艘大型高速邮轮，也就是豪华客轮，去接世界各地的运动员和游客。当时民航客机还没有盛行，远洋旅行主要是依靠船只实现的，游船公司当然也以此为生。建造像泰坦尼克号这样巨型的超豪华客轮，英国非常拿手，能建造出排水量十多万吨的，德国和意大利能建造出排水量五六万吨的，日本不造这么大，就造排水量两三万吨的。这些排水量两三万吨的邮轮就被军部看中了，其中有两艘被列入航母预备舰计划中。

这个级别的邮轮主要由长崎三菱造船厂和神户川崎造船厂承建，

吨位为 2.75 万吨，航速 25 节，载客量 890 人，是日本民用船舶中最大的。军方承诺合同签署后给船厂提供 60% 的预付款，但条件是船体在设计阶段军方就要参与，提出战术技术指标，明确船舶的主尺度（长宽、吃水量、排水量等），再对内部的水密隔舱^①做要求。

在水密隔舱的建造要求上，军舰和民用船只是不一样的，军舰要求相邻的 3 个、5 个或者 8 个隔舱都要有水密隔舱，如果这些相邻的船舱全部进水了，会造成舰体倾斜，但有水密隔舱就不会沉没，这是储备浮力。这里给大家举个例子，我们可以把一艘军舰看成一栋大楼，水密隔舱就是小单间，一栋楼建的单间越多，隔断就越多，在船上这叫肋骨，地震的时候，一栋大楼有一个一个隔断，就能提高人们生存的可能性，楼房强度也会高一些。但因为水密隔舱造价太高，一般民用船只在建造水密隔舱时，都是间隔越大越好，隔间越少越好。为了解决这个冲突，军方和造船厂需要进行协商。

军方还提出将来要在船内部设机库、弹药库、油料库等，以存放油料弹药，这就要求舱壁很厚，这样才能确保船与人员的安全。所以在建造时，邮轮可以先建歌厅、舞厅、游泳池，在改建时，如果需要，直接拆掉即可；上甲板的一层层客舱也要求能拆了直接改成飞行甲板。

最终军方和造船厂达成协议，船设计为长 210 米（也是现在日本日向号、伊势号两艘航空母舰的长度），宽 25 米，航速 24 节。

---

① 水密隔舱，亦作水密舱室或防水舱，是船舱的安全结构设计，位于船体内，是船身内部经水密舱壁所区隔划出的多间独立舱室。

不过，飞鹰号有个问题，它的航速只有 24 节。舰载机起飞对航母的速度要求非常高，最低要达到 30 节，最好能达到 35 节，六七十公里。航母时速六七十公里，顶着风形成一种逆风的动力，飞机的翅膀才能够获得很好的升力，容易起飞。航速 20 多节太慢，飞机有时候会飞不起来，碰到顺风、无风或弱风时就更难以起飞了，这是飞鹰号的问题。

另外，军方还要求邮轮不能设计得太复杂，要确保在战争逼近的情况下或者在战争时期，3 个月就能把它改成航母。

飞鹰号

1937 年七七事变后中日战争全面爆发，1940 年冬奥会被迫取消。1939 年第二次世界大战欧洲战场全面开战，第 12 届奥运会也被迫取消了。在这种情况下，日本建造的两艘邮轮因为没有客运需求，而且已经处于战争状态，就被海军征用了。

征用之后，海军就着手进行改造。先把邮轮的岛形上层建筑和烟囱放在一起，这是一个非常重要的设计。之前的航母，一直没找到合适的位置摆放烟囱。烟囱最开始被放在舰的右舷，烟囱口朝着海上排烟；赤城号、加贺号时期，没有飞机起降的时候就把烟囱用铰链竖起来，飞机起降时再用铰链把烟囱放下去，为防止冒烟影响飞行员的起飞和降落，就让烟囱往海面上排烟。航母烟囱的重量是按吨计算的，如此折腾很费劲。到飞鹰号改装的时候，干脆将烟囱跟上层建筑放在一起了，这是非常重要的改进。这个设计也是考虑到燃烧的煤烟（后期有段时间烧重油）不能影响飞行员的起降，烟囱就向舰艇外侧倾斜了26度，解决了排烟问题。后来的大凤号、信浓号两艘大型航空母舰也采纳了这一方法。

飞鹰号航空母舰

另一个改装是采用了球鼻艏的舰首。球鼻艏的舰首就像匹诺曹的大鼻子，里面放着声呐，这种装置当时已经被航空母舰普遍采纳了。

另外，拆除了客轮原来装的所有木质构件，因为木地板、木隔断等木质构件容易起火，不安全。舰载机的数量有50多架，跟苍龙号差不多。飞鹰号比隼鹰号晚开工9个月，后期直接切入到航母状态建造了，改装的工程量相对少点。这两艘航母完工后，正好是1942年太平洋战争爆发，两艘航母都直接服役了。

飞鹰号排水量为2.75万吨，续航力为1.2万多海里，可装载53

架飞机，可搭乘 1187 名乘员。

　　1942 年 8 月，飞鹰号第一场战役是在南太平洋瓜岛作战。当时，美军已经在瓜岛登陆了，日军海陆联合想要夺回瓜岛，就调集所有兵力进行强攻，这次战役翔鹤号、瑞鹤号、飞鹰号、隼鹰号、瑞凤号 5 艘航空母舰全参加了，美国方面是托马斯·金凯德指挥的大黄蜂号和企业号航空母舰，双方在瓜岛附近的圣克鲁兹海域展开了一场大海战。正打得热闹，10 月 22 日，飞鹰号突然发生轮机故障，航速上不去导致飞机飞不起来。在战场上，航空母舰就是一个机场，机场不能起降飞机，不等着挨打吗？飞鹰号因此不得不退出战斗返回维修。改装折腾了这么长时间，服役参加的第一场战役，还没打完就出故障跑了，飞鹰号可谓开局不利。

　　1943 年 6 月，飞鹰号维修将近一年后，又回到南太平洋上，在巴布亚新几内亚一带负责往日本占领的拉包尔岛屿运送飞机。改装航母的一个最主要目的就是运送飞机，从日本本岛运往海外占领区。为什么要运飞机呢？因为当时飞机很轻，只有 1~3 吨，在岛屿上起飞也不用水泥铺地，找块地势平缓的区域弄平整，飞机就能跑起来，所以有句话叫作"岛屿是一个不沉的航空母舰"。航空母舰跟岛屿的区别就在于航空母舰可以机动，而岛屿不能机动。所以改装的这些轻型航母或者护航航母，很重要的任务就是运送飞机。

　　飞鹰号的另一个任务是负责飞行员的训练。1942 年 6 月 4 日中途岛海战以后，赤城号、加贺号、苍龙号、飞龙号 4 艘航空母舰被击沉，日本第一批精英飞行员全部阵亡了，基本上没有有经验的飞行员可用了。于是飞鹰号服役之后就担任了这个任务。

飞鹰号刚运载飞机出去训练，在东京湾就被一艘美国潜艇发现了。美国潜艇迅速抢占有利发射阵位，发射鱼雷，一枚鱼雷命中了飞鹰号舰首后部，导致前锅炉舱严重受损，整个舰失去了动力只能在海上漂流，飞鹰号又被拖回去维修。第一次轮机故障是动力问题，第二次被鱼雷击中还是动力问题，维修又花了好几个月，转眼就到了1944年5月。这时飞鹰号已经服役好几年了，好不容易配齐了航空战队，舰载机上的飞行员也配齐了，虽然这些人是"菜鸟"，但终于可以到南太平洋打仗了。1944年6月，飞鹰号参加了马里亚纳海战。

马里亚纳海战是一场决定性的战役。在这场战役中，日本有300多架舰载机被击落，飞行员基本都阵亡了。

飞鹰号的作战情况也非常惨烈。它的舰载机飞出去后，失去了制空权，列克星敦号舰载机乘虚而入，向飞鹰号扔了一堆鱼雷，一枚命中飞鹰号航空燃料库，航空汽油、航空煤油燃烧之后，油气弥漫在整个舰艇内部引发了二次爆炸和大火，又发生多次连串爆炸，最后飞鹰号在塞班岛以西的海域沉没了。

马里亚纳海战3艘日本航空母舰都是被鱼雷攻击之后，因为油气在密闭的舱室里弥漫，引发二次爆炸，最终沉没的。这个问题引起了很大关注，在后来的航空母舰设计中，人们开始考虑解决舱内通风的问题。

飞鹰号航空母舰（1944 年）

性能参数	
满载排水量	2.95 万吨
全长	219 米
功率	5.64 万马力
最高航速	25 节
乘员	1187 人
舰载机	
战斗机	零式舰载战斗机 15 架
轰炸机	99 式舰载轰炸机 20 架
攻击机	97 式舰载攻击机 18 架
武装	
防空火力	89 式 127 毫米口径高射炮 12 门
	96 式 25 毫米口径机枪 48 挺
雷达	21 号电探（对空、对海）

隼鹰号

　　飞鹰号是由出云丸号改装而成的，它的姊妹舰隼鹰号是由橿原丸号客轮改装的。隼鹰号于 1940 年开始改装，1942 年 5 月完工，前前后后折腾了一年半时间，由长崎三菱造船厂承建。它能装 40 架飞机，其中零式战机 20 架，99 舰爆 20 架。

　　隼鹰号参加过中途岛海战。1942 年 5 月，山本五十六决定调用日本海军百分之八九十的海上兵力去攻打中途岛，意图把美国残存的航空母舰引诱出来，然后在海上歼灭。南云忠一负责"敲打"中途

隼鹰号航空母舰

岛，并且计划在海上歼灭美国的一个航母编队，所以赤城号、加贺号、苍龙号、飞龙号这4艘战斗力最强的航母都归他指挥。另外还有3个方向的编队，其中一个编队就是佯攻舰队。佯攻舰队也是由好几艘航空母舰组成的编队，比如隼鹰号、龙骧号这些不正规的航母，组成第四航空战队。佯攻舰队的主要任务是往阿拉斯加方向航行，做出一种在美国本土登陆的战略表示，引诱美国航母战斗群进行作战，在这个过程中一举歼灭美国航母战斗群。可日本的指挥官立功心切，假引诱变成了真作战，真在美国的阿图岛和基斯卡岛登陆了，美国当然派出舰队反击。最后，登陆阿图岛的日军全部阵亡。

在这次作战中，隼鹰号负责对一个荷兰港进行空袭。荷兰港在阿拉斯加半岛东岸，因为当地气候条件不好，隼鹰号第一次攻击什么也看不见，就乱扔了一通炸弹。第二次攻击也没有什么战果，仅击落了美军的一艘飞艇。第二天，隼鹰号决定进行第三次攻击，力求给对方打击大一点，结果自己的 4 架 99 舰爆被击落。之后，它收到电报要求前往中途岛驰援，佯攻舰队转道前往中途岛，半路上又被通知战役取消，所以它继续对阿留申群岛进行支援，跟着陆军登陆。

1942 年 8 月，隼鹰号参加了瓜岛战役，一直坚持到 10 月圣克鲁兹海战。此时日本主力战舰都被击沉了，飞鹰号和隼鹰号开始挑大梁，被编到第二航空战队。飞鹰号半途中动力不行撤回了，隼鹰号则负责空袭瓜岛上美国的亨德森机场，并对美国企业号航空母舰战斗群发起攻击，命中了好几艘企业号的护航舰艇。不仅如此，它还对美国大黄蜂号航空母舰进行攻击，重创大黄蜂号。为扩大战果，日本驱逐舰配合战斗，最后用鱼雷把大黄蜂号航空母舰击沉了。另外，当时翔鹤号、瑞凤号被攻击时，它们的舰载机还在隼鹰号上降落。虽然是改装航母，但隼鹰号在这次作战当中发挥了很重要的作用，不仅发起了具有破坏性的攻击，还收容其他航母的舰载机，十分厉害。这是 1942 年 10 月圣克鲁兹海战时的情况。

1940 年，日本开始研制具有雷达特征的无线电探测系统，探测距离大约是 100 多公里，当时在中国沿海和日本本土部署了 100 多部。它的原理是怎样的呢？无线电发射在特定的频率上，探测的最远距离是 100 公里，但是这个范围是根据波束的宽度来确定的。举个例子，在日本装一个发射机，在中国沿海，比方说宁波装一个接收机，频率的宽度大约是 100 公里。在这个波束宽度中，一边发射一边接收，如果中间没什么干扰，那就证明一切正常；如果中间有机群不停地飞，就相当于切割磁力线，会扰乱磁场，接收机接到的发射信号就会乱响，这就证明波束宽度中有飞机。虽然能知道飞机在飞行，但是飞行的航向和速度，所处的方位都无法得知。现在看来，这个技术还是起不到太大作用的。

1942年5月珊瑚海海战时，美国列克星敦号就开始安装雷达，1943年美国舰艇上普遍都安装了雷达。日本舰艇真正开始安装雷达是在1943年，隼鹰号从南太平洋特鲁克岛返回九州附近的母港，主要任务就是装雷达。

装完雷达后，隼鹰号承担的任务是从日本本土往太平洋岛屿运送飞机。

硬 核 知 识

雷达是二战时期的一个重大发明，1939年9月1日希特勒入侵波兰，第二次世界大战在欧洲爆发。之后德国不断对伦敦进行空袭，还向伦敦发射导弹。在这种情况下，英国于1940年研制出了雷达。其实日本在1939年就研究出雷达的磁控管，比英国还早，但是日本推崇武士道精神，东条英机等人都不太重视高科技，认为技术无用。明治维新后，日本海军一直是师从英国，陆军师从德国，比较传统守旧，而且日本海军和陆军从来都是相互争斗、互不服气，而美国强调创新。1941年，日本陆军和海军两个代表团访问德国，调研德国的雷达技术，虽然同时去考察，考察的项目也都是雷达，但是陆军和海军互不通气，回日本之后也是各自秘密研究。

1943 年 11 月，隼鹰号在运飞机时遭到美军潜艇的攻击，其飞行甲板的后段都被炸毁了，舵机也炸坏了，螺旋桨不转了，失去了航行能力，重巡洋舰里根号把它拖回佐世保修理。1944 年隼鹰号维修好后参加马里亚纳海战，在这场海战中，它的姊妹舰飞鹰号被击沉，它的烟囱、飞行甲板被炸坏，舰上死亡 53 人，最后死里逃生、连滚带爬地回到日本。

由于隼鹰号一直在修理，没有参加 1944 年 10 月的莱特湾海战。莱特湾海战中，小泽治三郎率领日本最后 4 艘航空母舰参加战役，其他航母基本上都已经损毁，隼鹰号因修理缺席这场战役，躲过一劫。

1944 年 12 月，莱特湾海战结束之后菲律宾失守，日本失去了整个南海和马六甲海峡的制海权，东南亚的资源也没法往日本本土运。没有制空权和制海权，日本只能在本土"等死"。在这种情况下，隼鹰号在南海一带活动，在菲律宾海域遭到美国潜艇两枚鱼雷的攻击，19 人死亡，舰首的右舷机舱中雷，船舱进水，万幸的是弹药库没有弹药，被鱼雷命中爆炸以后，顶多有一个洞，不会引起二次爆炸。这些舰船，只要不发生二次爆炸，幸存的概率就很大。如果发生二次爆炸，即使堡垒外边很坚硬，但内部被攻破了，就容易漏水沉没，很难"起死回生"。最后隼鹰号遍体鳞伤，慢慢驶回了佐世保。隼鹰号虽然"伤痕累累"，却大难不死，再次幸存。

1944 年 12 月，日本因为失去制海权，所有航线都被控制了，燃油不够，没有钢板和材料，没法再对隼鹰号进行大规模的维修。1945 年 8 月 15 日，日本投降。投降之后，日本想对隼鹰号进行再次维修，把南太平洋岛上的战俘运回来，最后因为缺少材料不得不放弃。1947 年，隼鹰号被解体。

我们仔细研究会发现，日本最厉害的那些航母，像赤城号、加贺号、苍龙号、飞龙号、翔鹤号、瑞鹤号都最先被击沉；稍微厉害些的，像大凤号、信浓号，这些排水量不超过 8 万吨的大型航母也不得善终，甚至有些还没出航就沉没了。而隼鹰号这种民用船只改装的航母，虽然干不了正事，还"病恹恹"的，但它幸存到了战后。隼鹰号最辉煌的战绩就是炸伤企业号、炸沉大黄蜂号。

总体来说，改装航母和正经航母相比，有很多"先天不足"之处——防护力弱、机动力差，尤其航速慢这点非常致命，还有不沉性标准也不高，这些都是这类航母的弱点。

隼鹰号航空母舰（1945 年）

性能参数	
满载排水量	2.95 万吨
全长	219 米
功率	5.64 万马力
最高航速	25 节
乘员	1187 人
舰载机	
战斗机	零式舰载战斗机 15 架
轰炸机	99 式舰载轰炸机 20 架
攻击机	97 式舰载攻击机 16 架
武装	
防空火力	89 式 127 毫米口径高射炮 12 门
	96 式 25 毫米口径机枪 91 挺
	120 毫米口径二十八联装喷进炮 10 座
雷达	21 号电探（对空、对海）
	13 号电探（对空）

第十章

其他鹰系航母：

民用船只改装航母的罪与罚

日本民用船只改装的航母，主要有"七只鹰"，即飞鹰号、大鹰号、云鹰号、隼鹰号、冲鹰号、神鹰号和海鹰号，这些"鹰"都没能飞上天。日本的民用船只改装的航母究竟有哪些缺陷？如今日本完成修宪，逐步加强民用船只动员能力，又给了我们哪些启示？

大鹰号航空母舰

背景知识

前文讲过日本使用民用船只改装航空母舰时，政府出台了一些政策，对参加项目的民间公司给予一定的支持，还讲到这些航母完成改装以后，在海上作战的过程当中被美国的潜艇击沉了不少。本章详细地给大家说一说这些民用船只改装的航母。

日本民用船只改装的航母，主要有"七只鹰"，就是飞鹰号、大鹰号、云鹰号、隼鹰号、冲鹰号、神鹰号和海鹰号。飞鹰号和隼鹰号前面已经讲过，这里重点讲讲剩下的"五只鹰"。

1937年以后，日本就开始进行改装民用船只的准备。1940年与美国关系恶化后，日本开始大量征召商船，1942年底已经完成了5艘航母的改造，分别是飞鹰号、隼鹰号、大鹰号、云鹰号、冲鹰号。1942年6月4日中途岛海战中，赤城号、加贺号、苍龙号、飞龙号都被击沉，日本一下子少了4艘航母，于是从列入政府支持计划的航母预备舰中紧急征召了3艘商船进行改造，1943年这3艘商船完成改造，其中两艘就是海鹰号和神鹰号。日本在整个二战过程中，用大型高速客轮改造的7艘鹰系列航母就齐了。

这7艘改造的航空母舰里，有3艘是没有建完就被海军直接征用的，政府花钱买来造成航母。其中比较大的是飞鹰号和隼鹰号，它们的排水量都在两万吨以上，载机量40多架。其他5艘排水量都在

1万吨到2万吨，能够携载20架到30架飞机。这些航母的航速在21节到23节，全都采用全通式飞行甲板、单层机库，安装两部升降机。战争结束后，只有隼鹰号和海鹰号幸存，其余都被击沉了。

多次逢凶化吉的大鹰号

1942年8月下旬，第二次所罗门海战中，大鹰号给大和号战列舰护航，它的任务是把飞机从日本本土运到西南太平洋岛屿，这是它唯一的一线作战经验。由于西南太平洋岛屿没有港口，飞机卸不下来，日本就让飞机直接从航空母舰上起飞，降落在岛上的简易机场，这种运送方式在当时很受欢迎。这是大鹰号执行的第一次任务。

之后，大鹰号就在二线作战。1942年9月，大鹰号在西南太平洋的特鲁克岛遭到了美国鳟鱼号潜艇的攻击，被一枚鱼雷命中舰艇的中部后，还发生了爆炸，虽然没被炸沉，但是不得不返港维修。

1943年4月，在同一海域，大鹰号遭到另外一艘美国潜艇金枪鱼号的攻击，结果这艘潜艇的鱼雷因为引信故障没有爆炸。

4个月后，大鹰号在返航时又遇到了美国潜艇，再次避过美国潜艇发射的鱼雷，这是它第三次从美国潜艇的攻击下逃脱。

大鹰号第四次遭到攻击也是在返航途中，在小笠原群岛附近遭到美国海鲈鱼号潜艇的攻击，右舷被6枚鱼雷击中。其中有一枚鱼雷爆炸了，另外5枚鱼雷引信都没有爆炸，把大鹰号撞了5个大坑，撞凹陷了。一年之内，这只"大鹰"四次遭受美国潜艇攻击，被多枚鱼雷命中，但多次逢凶化吉，大难不死。

硬 核 知 识

在二战之前，英国和德国都发现磁力引爆的引信不安全，美国却认为磁力引爆的鱼雷引信可以发射到潜艇或者敌人水面舰艇的正下方龙骨的位置，也就是在磁力最强的地方爆炸。美国人认为一枚鱼雷基本上就可以解决排水量1万吨以下的舰艇，所以一直把这个作为绝密技术没有对外发布。英国和德国也都将其视为绝密技术，不一样的是英国和德国早就认识到磁力引信的可靠性太差，结果只有美国到1943年还在采用磁力引信，造成很多无效的攻击。这边潜艇艇长费了好半天接敌，安排战术，抢占阵位，发射鱼雷，那边鱼雷发射出去引信却不爆炸，敌人从眼皮子底下溜走了。可以说，美国因为磁力引信吃了不少闷亏。

大鹰号的经历跟雪风号驱逐舰很相似，这也说明日本的反潜警戒能力很差。美国潜艇一年之内4次跟它亲密接触且发射鱼雷，要么命中，要么把它戳个大坑，说明日本的反潜警戒就没有发挥作用，否则怎么航母会随便遇到对方的潜艇？演习的时候，如果对方潜艇出现在我方附近十几公里内，基本上我方"必死无疑"。所以日本战后特别重视反潜能力，可以说是世界上最重视反潜的国家之一，在第一岛链部署了100多架P-3C反潜机（以下简称P-3C）。而美国潜艇鱼雷的引信总出现故障，可靠性太差，所以美国战后特别加强了鱼雷的研发，Mk.48、Mk.46都是非常好的鱼雷。

大鹰号航空母舰（1944 年）

性能参数	
满载排水量	2.12 万吨
全长	180 米
功率	2.52 万马力
最高航速	21 节
乘员	747 人
舰载机	
战斗机	零式舰载战斗机 11 架
攻击机	97 式舰载攻击机 16 架
武装	
防空火力	十年式 120 毫米口径高射炮 8 门
	96 式 25 毫米口径机枪 46 挺
雷达	21 号电探（对空、对海）
	13 号电探（对空）
反潜装备	深水炸弹投放台
	95 式深水炸弹

冲鹰号：第一艘被击沉的民用船只改装航母

1943 年 12 月，冲鹰号从特鲁克岛返航，途中被美国旗鱼号潜艇攻击，造成右舷舰首爆炸、船员住舱起火、飞行甲板坍塌、前后升降机损坏。冲鹰号损害管制之后继续航行，结果旗鱼号再装填后对它进行了第二次攻击，一枚鱼雷命中它的左舷后部，导致轮机舱进水、舵机失灵、螺旋桨损坏、飞行甲板扭曲变形，丧失了动力。之后，它就像一条大死鱼漂在海上。旗鱼号看它还没沉没就再次装填，又发射了 3 枚鱼雷，最后冲鹰号上 1250 人随舰一起沉没了。冲鹰号是日本海军第一艘被击沉的民用船只改装的航母。

冲鹰号航空母舰

　　冲鹰号沉没时，上面还有 20 名美国战俘，这些人是从哪儿来的？原来此前不久，美国海军杜父鱼号潜艇被日本驱逐舰击沉了，美国艇员落水后被俘，一半人被押到特鲁克岛上，另一半人分别被安置在冲鹰号和云鹰号上，准备押回日本。结果走到半路，冲鹰号就被美国的旗鱼号潜艇击沉了。旗鱼号并不知道上面还有美军战俘，回到美国后还因立功被授奖了。

　　二战结束后查阅历史资料才知道，这是一个大乌龙，旗鱼号击沉了冲鹰号，也葬送了 20 位同胞。

冲鹰号航空母舰（1943 年）

性能参数	
满载排水量	2.12 万吨
全长	180 米
功率	2.52 万马力
最高航速	21 节
乘员	850 人
舰载机	
战斗机	零式舰载战斗机 11 架
攻击机	97 式舰载攻击机 16 架
武装	
防空火力	89 式 127 毫米口径高射炮 8 门
	96 式 25 毫米口径机枪 30 挺

碌碌无为的云鹰号

1944 年，云鹰号在塞班岛附近遭遇美国潜艇黑线鱼号的攻击，进行了长达 5 个月的维修后，又参加菲律宾–新加坡航线的运输。一次，云鹰号航行到南海东沙群岛附近，被美国潜艇红石鱼号的两枚鱼雷命中，右舷、中央锅炉舱和尾舵机舱都被击中，并且发生了大爆炸，丧失了航行能力。最终，舰上 270 人随云鹰号一同沉没了。

云鹰号航空母舰

云鹰号航空母舰（1944 年）

性能参数	
满载排水量	2.12 万吨
全长	180 米
功率	2.52 万马力
最高航速	21 节
乘员	747 人
舰载机	
战斗机	零式舰载战斗机 11 架
攻击机	97 式舰载攻击机 16 架
武装	
防空火力	十年式 120 毫米口径高射炮 6 门
	96 式 25 毫米口径机枪 64 挺
	93 式 13 毫米口径机枪 10 挺
雷达	21 号电探（对空、对海）
	13 号电探（对空）
反潜装备	深水炸弹投放台
	95 式深水炸弹

海鹰号：民用船只改装航母的幸存者

1942 年中途岛海战后，日本开始加速征召民用船只改装航母计划，动员了阿根廷丸号和巴西丸号，打算把这两艘船改成航空母舰。这两艘船本来是跑阿根廷航线和巴西航线的，因为当地日本侨民比较多，跑一趟要 30 多天。1942 年 8 月，巴西丸号确定被征召后，在特鲁克岛附近运输时，被潜艇击沉了，就只剩阿根廷丸号了。日本花了一年多时间对阿根廷丸号进行改装，改装于 1943 年完工，阿根廷丸号改名为海鹰号。海鹰号是当时日本民用船只改装航母计划里吨位最小的航母，也是战争末期存留的航母。它的排水量只有 1.2755

万吨，还不到 1.3 万吨，航速 21 节，可载 900 人。

海鹰号航空母舰

硬 核 知 识

　　这艘船当时是仿照欧美客轮造的，为了追求潮流，在最上层甲板上造了个游泳池。不过日本人比较保守，大家都不好意思去游泳，最后没办法又把泳池改成了钓鱼池，结果一堆老头儿、老太太坐在船上游泳池旁边钓鱼，蔚为壮观。

　　海鹰号的干舷很低，有飞剪形的船首和好看的外飘，舰尾很宽阔，是所有民用船只改装航母里最漂亮的一艘。另外它的涂装也非常有意思，是绿色和草绿色的迷彩色，除了神鹰号和它是一个色系，其他几只"鹰"都是老鼠灰的涂装，所以海鹰号的外观非常独特。

这艘船改装完成之后，内部条件也很不错，有 5 米高的单层机库，机库的侧壁采用薄钢板，飞行甲板长 160 米；宽度方面前端 13 米、中间 23 米、后端 16 米，尾部的降落长度是 30 多米，有 8 道阻拦索。日本现在的出云号、加贺号两艘航母的飞行甲板长约 250 米、宽 30 多米，相比之下，海鹰号的飞行甲板就小太多了。

海鹰号的任务是运送飞机，但运送的数量也很少，比它表现更差的是日本第一艘航母凤翔号，只能运送 10 架飞机。一般来说，航母就是再差至少也能运送 20 架飞机。海鹰号改装之前，为它设想的作战任务是给装有水上飞机的战列舰护航，这类航母被称为直卫航母，但实际执行任务时，因为它的航速太低，跟不上战列舰近 30 节的航速，根本不能参与一线作战，只能当运输舰使用。

1944 年，海鹰号在前往特鲁克岛的途中遭到美国潜艇的攻击，不过美军发射的好几枚鱼雷都被它躲过去了，一枚都没命中，算是逃过一劫。后来海鹰号担负起从日本本土到太平洋、菲律宾、新加坡的航线，护航 10 个月居然安然无恙，大家都特别吃惊——因为其他舰船走这条航线通常早被击沉了，唯有它毫发无损。

1945 年 1 月，海鹰号还从新加坡满载而归，回到吴港受到人们的热烈欢迎，此次航行被称为"最后的护航战"。之后海鹰号一直留在日本内海，美国轰炸吴港的时候它虽然也被炸伤，但幸存到战后，是民用船只改装的航母中难得幸存的。1946 年海鹰号解体，最后回收了 7500 吨钢铁。

海鹰号航空母舰（1944 年）

性能参数	
满载排水量	2.12 万吨
全长	180 米
功率	2.52 万马力
最高航速	21 节
乘员	587 人
舰载机	
战斗机	零式舰载战斗机 18 架
攻击机	97 式舰载攻击机 6 架
武装	
防空火力	89 式 127 毫米口径高射炮 8 门
	96 式 25 毫米口径机枪 24 挺
雷达	21 号电探（对空、对海）
	13 号电探（对空）
反潜装备	深水炸弹投放台
	95 式深水炸弹

硬 核 知 识

    在研究武器装备时，我们会发现，日本知名度很高的航母，像赤城号、加贺号、苍龙号、飞龙号、翔鹤号、瑞鹤号，还有大凤号、信浓号，都很厉害，但"寿命"都不长，树大招风，早就被对方盯上了。而像海鹰号这种"窝里窝囊"排水量只有 1.2 万多吨的航母，跟别的航母比起来没什么看头，也没法上前线打仗，就在二三线晃悠，虽说能起降飞机去作战，但干得不好，对方也不把它当回事，反而可以侥幸活到最后。

神鹰号：最后一艘民用船只改装的航母

神鹰号是一艘有点小故事的改装航母。

神鹰号航空母舰

神鹰号的曲折来历

1918 年第一次世界大战结束，经过 6 个月的谈判，战争双方于 1919 年签署了《凡尔赛和约》，条约对德国的要求极其严苛。比方说德国的所有军队都得解散，基本上所有的舰艇、飞机、坦克都要销毁；战前占领的一些领土也要归还给各个国家；还得向战胜国支付战争赔款，而最后一笔战争赔款直到 2010 年才还清。

1935 年 3 月，德国公开撕毁《凡尔赛和约》，英国采取绥靖政策于当年 6 月和德国签署了《英德海军协定》，条约允许德国发展海军，只是将它的保有量限制在英国海军的 35%。二战前，西方国家绥靖政策的纵容，助长了法西斯国家对外扩张的野心。德国法西斯势力的复活和壮大与英国的绥靖政策有很大关系，导致德国公然抛弃《凡尔赛和约》的限制，德国纳粹开始崛起。而日本日后成为法西斯国家，也和美国有关，美国在 1931—1941 年，给日本提供弹药、石油、钢铁和所有零配件，看似隔岸观火，实则火上浇油。

德国发展海军时想要发展航母，但德国最出色的是飞机、导弹，没有建造航母的经验，就想跟英国学习暴怒号这类航母的建造技术。但英国不同意，以航母属于进攻性武器为理由拒绝了德国。在英国碰壁的德国，转而请求日本的帮助，日本当时派了山本五十六来负责此事——日后山本五十六担任了日本海军联合舰队司令长官。山本五十六曾是日本驻美国的武官，还在赤城号上当过舰长。此番他代表日本跟德国进行合作，把赤城号的一些技术和设计图纸，包括赤城号航母和舰载机的训练经验全部传授给德国海军。作为学习交换，德国给日本提供了航空技术和飞机。日本在此基础上，开发研制了零式战机和九七舰攻，日本飞机的快速发展和德国是有这样一层互助关系的。

在日本的帮助下，德国建造了齐柏林伯爵号航母。航空母舰不是一建完就能参与作战的，需要先训练技术人员驾驶它，还得训练飞行员在上面实现起飞降落，这样才能形成战斗力，飞机和舰艇的磨合还要许多年。

齐柏林伯爵号建完下水后，被扔在港口里待了两年，因为二战爆发，德国没时间训练了。1942 年中途岛海战后，日本被击沉了 4 艘航母，一方面在国内搞民用船只改装，一方面想跟德国买齐柏林伯爵号。德国不同意，认为即使将齐柏林伯爵号转让给日本，战时状态日本也不能平安把舰艇运回国——大西洋航线上每天都有很多艘舰艇被击沉，英国也不会让日本顺顺利利地把舰艇开回去。德国有一艘排水量2万多吨的大型高速客轮沙恩霍斯特号当时正好在日本，德国就拿它跟日本做了这笔生意。

齐柏林伯爵号航空母舰

　　沙恩霍斯特号是1933年建造的，在它之前，德国还造了3艘排水量5万吨的大型高速客轮（在当时属于世界第一）。沙恩霍斯特号最初是按照排水量2万吨建造的，不过它实际的标准排水量是1.8万吨，客货两用，主要往返远东航线。1934年，希特勒还出席了它的下水仪式。1935年沙恩霍斯特号竣工，竣工时实际排水量是18184吨。它采用的是当时最先进的涡轮电力推动，利用高温高压锅炉涡轮机来推动发电机进行驱动，航速可以达到21节。1939年8月，沙恩霍斯特号走东方航线正好到了神户，在客人和货物在神户下船之后返航回德。船只走到新加坡时接到电报，得知英国和德国开战了。沙恩霍斯特号怕半路上被俘获，掉头回到了神户港。

按照国际条约，英德开战以后，所有悬挂德国国旗的商船都可以被英国认为是交战国的商船，而交战国的商船在任何国际海域都可以被俘获，"你的变成我的"，船上的人变成俘虏，船也直接被没收。

在和船东联系确认后，德国将沙恩霍斯特号先扔在日本，船员通过西伯利亚大铁路，一路颠沛流离地回国了。1941 年战争爆发以后，日本同德国商定就把它改装成航母，改名为神鹰号。这就是神鹰号的曲折来历。

神鹰号的配置

神鹰号改装时已是战时状态，日本造船厂无法从自顾不暇的德方获取原始设计资料，只有船上的船体构造图和舾装图，所以日本在改装时，费了很大力气。首先要上船进行实体测绘，拿着卷尺到处测量，最后生成了一张图纸，再根据这张图纸确定改装方案。改装材料也用不上好的，很多都是回收的废铁重新冶炼成形后得到的轻型钢板，用来给船加隔断、造容器库、装飞行甲板。还有一些材料也是废物利用的，大和级的四号舰造了一半就废弃了，剩下很多零配件和钢材，就直接用到神鹰号的改装上。

这艘船唯一的可取之处是它先进的动力系统,高温高压锅炉、电力推进,日本人在当时都没听说过,这么先进的动力当然得先留着。1943年12月,神鹰号改装完成,交给海上护卫总司令部,算是开始服役了,这是日本当时最后一艘用民用船只改装的航母。

神鹰号服役之后,海军人员上船开始磨合,一天到晚就围着锅炉转,研究怎么烧火、怎么让它冒热气、冒了热气又怎么让它跑,捣鼓来捣鼓去,还是弄不明白。当时他们看不懂德语,今天这里管子爆了,明天那里又着火了,船上事故频发。当时日本人不会利用这种高新技术,所以神鹰号即便动力先进也只能当成摆设,最后日方纠结再三,还是决定换回柴油机。

之前我们讲过给航空母舰更换动力的方法,就是把它"开膛破肚",将飞行甲板、机库、升降机统统拆掉,然后把里面的高温高压锅炉弄出来,再把日本自己的动力塞进去,十分费劲。而且更换动力,不仅要把沙恩霍斯特号原来的"心脏"换掉,其他包括管道等相应的配置也都要更换。换完之后又开始重新安装飞行甲板、机库,再把船涂成和海鹰号相似的绿色迷彩涂装,倒是挺漂亮。

1944年7月,在折腾7个月之后,神鹰号又开始服役了。第一次出海,舰上的九七舰攻发现海上有可疑的油迹不断地从水下渗出,而且越来越多,这肯定是受伤或者出故障的潜艇顾忌空中飞机、水上舰艇,不敢露出水面。于是,神鹰号扔下深水炸弹,联合水面舰艇一起攻击,最后发现海上形成了一条50米宽、1500米长的油迹带,说明潜艇被击沉了。神鹰号首战告捷,旗开得胜,第一次出海就干了一件大事——击沉一艘潜艇!

一个月后，同样的事情再次上演。舰载机起飞后发现油迹——在油迹前方30米投下深水炸弹——炸弹爆炸后，产生更多的油迹。潜艇特别害怕深水炸弹，深水炸弹不一定要直接炸到潜艇上才有用，在潜艇的前后左右同时扔下几枚，即便是在10米以外，爆炸后产生的二次冲击波也足以把潜艇挤瘪，导致其漏油、爆炸，对潜艇来说相当致命。没过几天，神鹰号又用同样的方式击沉了第三艘潜艇。民用船只改装的航母用它的舰载机击沉3艘潜艇，这可是前所未有的！

1944年11月，神鹰号护送油船前往新加坡，从九州往西，经过济州岛，到了黄海海域，准备前往舟山群岛，不料被美军潜艇盯上。美军潜艇接连发射4枚鱼雷，命中了它的右舷，直接引爆了航空燃料库，神鹰号霎时陷入火海，30分钟就沉没了，1100多人死亡，60人逃生，此时距离它服役还不到一年。

日本用民用船只改装了这么多航母，为此还新成立了一个海上护卫总司令部，专门负责运输船队的护航，"7只鹰"全都配备在这支部队中。这几艘航母一开始是往返特鲁克岛，西南太平洋失守后，就往返于塞班岛。1944年，塞班岛失守后，往返于新加坡、菲律宾、台湾岛。所以说，这"7只鹰"一天到晚都在忙于搞运输。大鹰号、云鹰号、冲鹰号这3只"鹰"全都死于潜艇之手，服役期间看起来忙忙碌碌，做了很多工作，实际上却是碌碌无为，没做成任何大事。改装成航母的时候，日本付出了很多时间和精力，结果它们一次海战也没参加；给别的舰艇护航时，也没任何杰出的表现，反而成为潜艇打击的目标。

船体大、航速低、机动力差、防御能力低，基本上是这几艘航母的通病。

神鹰号航空母舰（1944 年）

性能参数

满载排水量	2.12 万吨
全长	180 米
功率	2.52 万马力
最高航速	21 节
乘员	834 人

舰载机

战斗机	零式舰载战斗机 12 架
攻击机	97 式舰载攻击机 21 架

武装

防空火力	89 式 127 毫米口径高射炮 8 门
	96 式 25 毫米口径机枪 42 挺
雷达	21 号电探（对空、对海）
	13 号电探（对空）
反潜装备	深水炸弹投放台
	95 式深水炸弹

使用民用船只改装航空母舰这个策略，英国在马岛海战[①]中也用过，效果就很不同，英国在那次战争中取得了胜利。老牌的海军国家，特别重视一点——训练，比如现在在英国商船上服役的船长、大

[①] 1982 年 4 月到 6 月，英国和阿根廷为争夺英国海外领土马尔维纳斯群岛（最早由法国探险家命名，现西班牙语仍在使用这一名称，英国称其为福克兰群岛）的主权而爆发的一场局部战争。

副、二副等主要部门长，基本上都是海军驱逐舰、护卫舰退役的军官，这些船只每年都有一个月统一参加海军组织的系统训练演习——训练民用船只和海军之间关于战术或者课目的磨合。

日本修改宪法、解禁集体自卫权，其中一个很重要的问题就是日本开始在各研究所开展技术研究，同时加强民用船只动员能力和民间技术的开发，这种事离战争仿佛很遥远。大家关注的重点是出云号、加贺号，认为只有航母跟战争有关，但其实日本的战争动员能力很值得我们思考。比如我们通常说一个作战师有 1 万多人，配备先进武器，而日本的"架子师"才 20 多人，但日本经常进行预备役的训练，给它 24 小时、48 小时、72 小时，马上就能动员起 1 万多人来。和平时期，他们可能就是工人、工程师，都是普通老百姓。这种寓军于民、平战结合的体制，非常值得我们学习，因为日本经历过战争，对此有一些自己独特的思考。

第十一章

大凤号：

天下第一舰

大凤号号称"天下第一舰"，是日本海军真正设计、建造的吨位最大的航母。它的设计有哪些有意思的地方？舰艇构造是什么样的？有什么特殊之处呢？

鸟瞰大凤号航空母舰

1936 年 12 月 31 日《华盛顿海军条约》到期，1937 年 1 月 1 日起日本就不再受此条约限制，于是开始进行军备竞赛，大凤号就是这一时期建造的。1939 年日本制定了第四次舰艇补充计划，也叫"丸四"计划。这是日本第四期舰艇发展规划，在这个规划当中，日本确定了要建造大凤级航空母舰。

冲锋陷阵的大凤号

大凤号航空母舰号称"天下第一舰"，是真正由日本海军设计、建造的一艘吨位最大的航空母舰。

大凤级航母本来准备建造 5 艘，是翔鹤号、瑞鹤号航空母舰之后一个新的级别，属于带有大甲板并具备攻击性的舰队航母，而且将作为联合舰队的旗舰。大凤号于 1941 年 7 月 10 日开工——日本偷袭珍珠港前 5 个月，由神户川崎造船厂建造。

在中途岛海战中，日本一下被击沉了赤城号、加贺号、苍龙号、飞龙号 4 艘航空母舰，导致大凤号成了被各方瞩目的焦点，因此建造也面临巨大的压力，日本海军又要求抓紧建造，否则日本的航母数量不足以参战，所以大凤号在 1943 年 4 月就下水了，工期不到两年，下水以后马上开始舾装，到 1944 年 3 月完工，交付海军。

大凤号的首任舰长叫菊池朝三，是一名海军大佐，相当于海军大校。他曾经在第一艘航空母舰凤翔号上担任过舰长，后来又在日本驻台湾高雄的航空队担任航空队司令，既懂航空，也懂航海。在担任大凤号舰长之前，他在瑞鹤号上工作过一段时间，还从瑞鹤号带走了一些水兵。

在建造大凤号之前，日本在论证研究中对它的战争技术指标提出了一些有意思的设计：不把它作为航空母舰舰载机的海上终极基地，而是当作前进基地，像块踏脚石，是一个海上平台、一个浮动的机场。其他航空母舰的舰载机，如果需要加油补给，也可以在大凤号上进行。这个设想其实不合理，比较愚蠢，所以后来日本海军也没有实践过这种战法。

当时设计师提出的想法是，大凤号作为旗舰，要行驶在整个舰队的前面，吸引对方火力，消耗对方弹药，为后面的舰队挡子弹、炸弹、鱼雷等，需要非常耐打，所以它是按照装甲航母来设计的。这种设计理念，只有英国的光辉号航空母舰实践过，其他国家都没有。

为什么大凤号采用这种设计呢？一是因为日本认为装甲型的航空母舰理念非常先进，延续了大和号、武藏号这些大型装甲战列舰的建造思路，要把战列舰的装甲防护这种成熟的技术应用到航空母舰上。这种想法其实是非常错误的，因为航空母舰应该在火力圈外进行作战，比起防护，舰载机更应该放在第一位。但是当时日本考虑到大凤号要冲锋陷阵，在前面"遮风挡雨"，还是把防护性放在了第一位。

二是因为日本擅长近战、夜战。美国航母一般晚上不打仗，因为晚上看不见，当时雷达才刚开始使用，飞行员主要还是靠目视观测投掷炸弹，看不见目标就没法瞄准。但是日本训练夜战，打算逼近美军航母进行肉搏，它自己有装甲，就像戴上盔甲和敌人近身肉搏道理一样。另外日本还要求舰载机进行"超航程打击"，让其他没有防护能力的航母躲在安全的地方，带有装甲的航母在前面负责加油加弹，中转一次才能返航。所以大凤号的这种设计，是把它当成冲锋陷阵的先遣队来考虑的。

日本对航母进行装甲防护，也跟中途岛海战有关。中途岛海战中，日本4艘航空母舰的沉没，都是飞行甲板被美军俯冲轰炸机命中后，引发甲板上满油满弹的舰载机和下面油库、弹药库的连环爆炸造成的。因此，日本非常重视飞行甲板的防护，要求在舰上加装装甲，防止俯冲轰炸机的进攻。

舰艇结构的变化

封闭式设计

日本的很多航母都在舰艇结构上出过事故，像之前提过的"第四舰队事件"，遇到台风舰艇被扭成了麻花，造成大量舰艇沉没；另外凤翔号、龙骧号航母由于是开放式结构，遇到台风时大浪压上来，就会把飞行甲板毁坏。所以，从翔鹤号、瑞鹤号到大凤号，都采取了封闭式设计。现在的舰艇基本是全封闭式的，也都安装了空调。原来的舰艇却不讲究封闭，都是通着的。

其实开放式和封闭式，各有各的优点。开放式通风好一些，不会造成舰内油气蔓延；封闭式如果遇上油气蔓延会存在很大的隐患，大凤号就是在这一点上吃了亏。封闭式的优点在于建筑封闭之后，大浪进不来，航母可以劈波斩浪，提高适航性和耐波性。

锚

大凤号比较有意思的设计是，把几十吨重的锚和锚机都放在舰首的锚链室，可以直接从锚链室把锚投到海中。从外形上看，这个设计非常漂亮，舰首两侧的大喇叭口也不会因为沾水长满脏兮兮的铁锈了，这是个很先进的设计。

球鼻艏

大凤号的球鼻艏沿用了翔鹤号、瑞鹤号的设计。前面我们也提到过，球鼻艏就是在舰首水线以下的部位装一个"匹诺曹的大鼻子"，里面装着声呐。声呐是水听器基阵，水兵通过水听器来判断水下有无异常的声音，进而判定水下的物体是鲸鱼还是潜艇。这种设施也非常有特色。

烟囱

航母烟囱的配制，也在随着技术的不断改进而提高。比如，一开始大家都认为烟囱放在航空母舰上太碍事了，一马平川的全通式飞行甲板上突然高耸出一个烟囱，很影响飞行员的起飞降落；另外冬天时，烟囱会像烧锅炉似的冒黑烟，干扰飞行员的视线。因此，舰艇在设置烟囱上有许多改进。

最开始的航空母舰采用收放式的烟囱，飞行甲板在起飞降落作业的时候通过铰链把烟囱放下去，往海面排烟。后来不用铰链了，直接把烟囱放倒，口朝大海，有点像抽油烟机的排烟管一样向下弯曲，但舰艇遭到鱼雷和炸弹打击而倾斜时，这种设计就会影响舰艇的稳定性，会加速舰艇的沉没。所以，后来的舰艇又恢复了直立式烟囱，像烧锅炉的大烟囱竖立着"昂首苍穹"。由于日本强调夜战，长期以来不喜欢在飞行甲板上直立物体，但为了便于飞行员识别，从大凤号开始就把烟囱和岛形上层建筑整合到一起了，放在右舷中部靠前的地方，偏中间一点，同时向外倾斜 26 度，高出飞行甲板 17 米，以确保不影响飞行甲板的作业。这个倾斜角度和高度都是通过建造 1：100 的模型得来的，通过了风动实验和航模实验后决定采用的。

飞行甲板

大凤号飞行甲板长 260 米，比出云号长 10 多米。飞行甲板的宽度不像现在前后同宽，而是前部 18 米、中部 30 米、后部 27 米，接近菱形形状。这在全通式飞行甲板中是比较奇怪的，算是独一份儿。飞行甲板以前都是采用硬木建造的，发生爆炸时容易着火，所以从大凤号开始飞行甲板的材质改成乳胶甲板，可以抵御 500 公斤炸弹的冲击且不易燃烧。

升降机

大凤号装了两部升降机，时称舱内升降机，前后各一部，每一部重 100 吨，个头比较大。升降机就是电梯，主要用于从上往下运飞机。现在航空母舰的升降机，像日本的出云号和加贺号、美国尼米兹级的所有航空母舰以及我国的辽宁舰，全是舷侧升降机，一般是三部，在左舷或右舷，没有舱内的。舷侧升降机和舱内升降机，可以拿现在的电梯来类比，放在大楼一侧的观光电梯就像舷侧升降机，放在大楼中间的电梯就像舱内升降机。

在飞行甲板上抠两个大窟窿，还要塞进飞机，这是很危险的。以前很多被击沉的航母都是因为炸弹炸到了升降机，但没人想到把升降机放到舷侧。一艘航空母舰配备两部升降机，每部重 100 吨，两部升降机中间有一个长 150 米、宽 20 米的装甲防护板，防止其中一部爆炸影响到另外一部而对航母造成损害。

航母的焊接技术

藤本喜久雄设计的舰艇在"第四舰队事件"中出现了问题，平贺让就否定了用电焊的方式取代传统的铆钉来铆接舰艇的钢板。平贺让认为电焊可能会影响舰艇的质量，不结实。藤本喜久雄去世后，从平贺让开始，日本海军的舰艇就取消了电焊技术，但问题并没有得到根本解决，舰艇事故、沉没事件不见减少。当时，美国、英国也都采用电焊技术。日本不能拒绝科学技术的不断进步，铆接密封性不够，会进水导致钢板生锈，弊端也很明显，所以日本后来又改回到电焊技术了。

干舷和装甲防护带

大凤号飞行甲板的高度有所降低，距离水面只有 12 米，干舷低了以后舰艇的稳定性就比较好。就好比汽车底盘高，涉水性虽好，但整个车辆不稳定，高速行驶中急速转弯翻车的可能性很大。舰的两侧按照战列舰的装甲防护，各有几十米长的装甲防护带，是用方木和钢板一层又一层打造的。这里涉及航空母舰的设计理念，举个例子来说，一个普通的陶瓷马桶重 50 公斤，波音 787 飞机上使用复合材料的马桶只有 5 公斤，结实程度却是前者的几十倍，重量减少了 45 公斤，而减少的重量可以用来载客载货。波音 787 飞机整体都采用了复合材料，自重就比别的飞机轻，可以装更多的东西。航空母舰也是同样的道理，如果自重很小，装的飞机、货物和弹药就更多。所以大凤号在这一点上的设计有点问题，装甲太厚，又压低了干舷，导致舰载机的数量太少，排水量 3 万多吨的航母只能装 50 多架飞机，分别是 24 架战斗机、23 架攻击机和 5 架侦察机，相比日本排水量 1 万多吨能装 100 多架飞机的航母来说，大凤号的舰载机数量实在算不上多。另外，舰上水兵舱室空间也被大大压缩，居住性能下降，进而影响战斗力。

机库

舰上的机库有上下两层，上层宽 18 米，下层宽 17 米，因为舰艇有外飘，所以整体是上宽下窄的构造。舰艇每一层有 4 个隔舱，可以将其想象成两层的车库。上层机库到飞行甲板的装甲板厚度是 10 毫米。这里有一个非常精巧的设计：在飞行甲板和机库顶板之间有 0.7 毫米的隔离空间，如果飞行甲板中弹，那么弹片和炮弹的冲击力有一个缓冲区，要想再穿透 10 毫米的装甲板就比较困难，可以保证机库的安全。这个设计虽然在实践中不知道效果如何，但从理论上来讲是非常先进的。机库里面最多可装 48 架飞机，因为当时飞机机翼不能折叠，"张着翅膀"就停放在里面。有一些飞机也可以采取甲板系留的方式，用钢丝绳系留在甲板的固定装置上，这样最多能载 61 架飞机。

防空武器

在防空武器方面，大凤号上装有 6 座双 100 毫米口径高炮，一共 12 门，主要配置在两舷，这是日本当时最先进的防空炮。另外还有一些高射机枪，但性能都很差。

其他

1944 年大凤号服役时，舰上已经开始装备射击指挥仪、对空雷达、探照灯等现代化的电子设备了。

大凤号的战斗史

堡垒最容易从内部攻破，作为日本历史上，或者说世界历史上建造最结实的一艘装甲航母，大凤号服役之后基本没干什么"正事"，刚开始参与作战就被鱼雷击中，进而发生大爆炸并沉没。大凤号落得如此悲惨的下场，究竟原因何在？

1944年大凤号服役之后，第一个任务就是从日本国内航行到新加坡。1942年初，日本占领了新加坡，并利用新加坡几个海军基地作为常驻基地，经常从这里出发对中国南海、菲律宾海和南太平洋作战。从1944年6月开始，美国在塞班岛进行登陆作战。与此同时，日本展开了联合舰队"阿"号作战方案（即后来的马里亚纳海战）。在这个方案中，大凤号、翔鹤号和瑞鹤号等9艘航空母舰一起被编入第三舰队第一机动舰队，小泽治三郎担任司令——他也是日本最后一任海军联合舰队司令长官。大凤号担任联合舰队的旗舰，从新加坡编队出发，到菲律宾南部进行集结。

作战之前，大凤号在婆罗洲加了原油。婆罗洲现在叫加里曼丹岛，是世界第三大岛屿，分属于马来西亚、印尼和文莱。婆罗洲的原油油质比较好，不用经过提炼就能直接使用，但是原油的挥发性很强，特别容易起火。这个婆罗洲原油，日后给大凤号造成了很大的灾难。

硬核知识

把世界各地的原油抽样放在玻璃瓶里看，有的地方的原油不好，是黑乎乎、半黏稠的状态，而利比亚、尼加拉瓜一带的原油比较好，看起来像香油、菜籽油、橄榄油一样，从地下打出来就能直接用。原油挥发性很强，在伊拉克从石油站拿一桶油回家，把油加在类似喷雾器的东西里，然后喷出，拿着火柴点一下就可以烧锅炉或者做饭了。

大凤号加完油后到达战区，刚开始作战就被一枚鱼雷命中了。因为它是艘装甲航母，被命中之后还能行驶，所以舰长就没有当回事儿，继续放飞舰载机。他没有注意到的是，被鱼雷命中后因为有装甲防护，舰体虽然没有明显的穿破迹象——不像其他舰艇会直接被击出一个洞，但是被鱼雷击中时，舰体发生了震动，导致里面的油管、气管等管线破裂。管线破裂后，婆罗洲的原油就慢慢往外渗漏，油气在密闭的舰体内蔓延。这是个很麻烦的问题，而且还找不出是哪个地方在漏油。

这时候，屋漏偏逢连夜雨，大凤号前部的升降机在运载一架零式战机的过程中，停在距离飞行甲板一米高的地方不动了。当时正是作战时刻，飞机需要起飞降落，如果升降机卡住，机库里的飞机上不来，舰面上的飞机也下不去。因为飞机在机库里还要进行维修保养、装弹等工作，所以船员急中生智，从舰上找来桌椅板凳、大门板、钢板把升降机一米多的缺口填平了，暂时堵上了这个缺口，防止飞机掉落。这样一来，飞行甲板是恢复运作了，却也为后面大凤号的沉没埋下了隐患。

硬 核 知 识

美国F-22"猛禽"隐身战斗机（以下简称F-22），飞到高空后莫名其妙就坠机了，导致机毁人亡。最后发现坠机是因为漏气——氧气瓶里的氧气漏掉了。飞机构造这么复杂，无法确切知道哪根管子漏气，试也试不出来。有时候测试时是好的，到了一定高度，在一定压力的情况下，又会发生漏气。缺氧问题很麻烦，导致F-22半年多的时间不能放飞，而且这个问题最终也没有解决。

大凤号的飞行甲板继续运作，开始将飞机转移到瑞鹤号上，就在这时大凤号又遭到鱼雷的攻击。这次，大凤号舰首进水，导致航速下降，损管人员着手堵漏。一些人忙着转移飞机，一些人忙着堵漏，没有人重视油气从破裂的管线中慢慢地蔓延。他们之所以对此没有太大的顾虑，也是因为这艘舰有非常健全的损害管制系统。

1942年6月中途岛海战中，赤城号、加贺号、苍龙号、飞龙号4艘航母5分钟内被俯冲轰炸机的炸弹命中，最后都没逃过沉没的命运，其中非常重要的原因就是舰上的消防灭火损害管制系统不太健全。大凤号是1944年建造的，吸取了以往航母的各种经验教训，自动灭火喷明系统、自动救灾系统、大量专业损管人员都备齐了。但是油气从破裂的管线中渗漏出来，以致整个舰上封闭空间都充溢着油气，搞不清哪儿油气多、哪儿油气少，也不知道具体从哪根管子里漏出来的，情况比较棘手。

几小时过后，一些水兵因为呼吸了太多油气出现头晕的症状，干不了活，甚至有的站立不住晕厥在地，这时军官才意识到这些人是中毒了。于是，他们把舰上所有的通风装置都打开进行强制通风，对火种进行管制。这么做的意图是好的，但是通风之后局部非常浓的油气扩散到了全舰，加重了灾难。而且，前部升降机被大门板、大钢板卡死之后，通风系统只能实现舰内通风，不能进行舰内外的空气流通。这时，就有船员准备下降后部的升降机，留出电梯口向外排风。没想到这些船员乘坐电梯到达下层后，全部中毒晕倒了。与此同时，有一批起飞的飞机要返回降落，结果就在这个过程中，大凤号发生了油气大爆炸。

关于大凤号油气大爆炸的原因有两种说法。一种是舰内油气浓度太高，后部的升降机打开后导致油气往上蔓延，舰载机起飞降落过程中的火星最终引发了爆炸；另一种是，油气在舱室里面蔓延了6个小时都没点燃，怎么那个时刻就点燃了呢，也许是某根电线起了火花。

其实问题的关键在于，油管出现了破裂，通风系统导致浓重的油气蔓延到全舰，致使全舰同时着火。由于大凤号航母的飞行甲板、舱室、左右舷都是一米多厚的装甲板，非常结实，着火后引发的爆炸在密闭的舱室里不断发生，能量却无处释放。"堡垒最容易从内部攻破"，大凤号这艘日本历史上或者说世界历史上建造得最结实的装甲航母，最终还是从内向外产生了大爆炸。

1944 年 6 月 19 日下午 4 点 20 分，大爆炸导致大凤号航母沉没，1650 人随舰沉没。

大凤号航母服役之后，第一次参战还没有任何战果，就沉没了……

大凤号航空母舰（计划）

性能参数	
满载排水量	3.72 万吨
全长	260 米
功率	1.6 万马力
最高航速	33 节
乘员	2038 人
舰载机	
战斗机	烈风舰载战斗机 19 架
轰炸机	流星舰载攻击机 36 架
攻击机	（多用途）
侦察机	彩云舰载侦察机 6 架
武装	
防空火力	98 式 100 毫米口径高射炮 12 门
	96 式 25 毫米口径机枪 51 挺
雷达	21 号电探（对空、对海）
	13 号电探（对空）

云龙级航母：

出师未捷身先死

在中途岛战役中，日本损失了 4 艘航空母舰，日本海军为对抗美国太平洋舰队，加快了航母的建造计划。为了降低战争的大量消耗，新型航母的造价和吨位都被压缩了，性能也不如战前建造的翔鹤级航母。这一型号的航母计划建造 16 艘，但是最后只建成了 3 艘，分别是云龙号、天城号、葛城号，还有没建成的笠置号、阿苏号、生驹号、鞍马号 4 艘，其余的 9 艘连名字都没想好。因为都是根据相同的图纸设计建造的，这些航母被统称为云龙级航母。

云龙级航母的首舰云龙号只用了 725 天就被建造出来，是日本海军最后建造的快速舰队航母。云龙号建成之后，就开赴菲律宾战场，但在 1944 年 12 月被鲑鱼号潜艇用鱼雷击沉了。

云龙号航空母舰

在前面的章节中，我们介绍了飞鹰号和隼鹰号航母，它们的级别属于航母预备舰。建造航母预备舰是战争动员的一种方式，民用船只通过战争动员被改建成航母在战争中使用，这在英国是一种非常时髦的做法，现在世界各国也都在采用。在这一章中，我带大家了解日本另外一个级别的航母——云龙级航母。云龙级航母在二战当中也是作为正式的舰队航母来建造的，但因为在建造的时候日本已经是强弩之末，所以最后这些航母也没怎么发挥作用。

云龙级航母的建造背景

1942 年 6 月 4 日中途岛海战中，日本 4 艘最厉害的航母在同一场战役中全部被击沉，对日本来说是非常巨大的打击。中途岛海战之后，日本就决定要加速发展舰队航母。当时的航空母舰主要分为舰队航母和其他航母：舰队航母是在海上编入机动编队，正经作战的航母；其他的一些轻型航母、护航航母和改装航母，有的是用来运送飞机的，有的也是作战航母，但相对差一点。云龙级航母是按照舰队航母来设计的，是苍龙号、飞龙号之后，以飞龙号为蓝本建造的新级别航母。

云龙级航母在设计过程中一个突出重点就是造价要低。二战前日本建造军舰都是精益求精，从来不怕花钱。但是打起仗来日本发现这样花钱实在太快了，就开始节约成本。所以日本当时没有拿最先进的翔鹤号、瑞鹤号作为蓝本设计云龙级航母，因为翔鹤号和瑞鹤号的造价都太高了，只能用造价较低的飞龙号作为模板设计新航母。

硬核知识

苍龙号和飞龙号是日本设计建造的新级别航空母舰。苍龙号带有一点实验性质，同级别的飞龙号就改正了苍龙号一些设计上的不足。平贺让带领一队新的人马对航空母舰进行规范，所以从飞龙号开始日本自行设计和建造的航空母舰就比较规范了。

中途岛海战使日本损失了主力航空母舰，这时日本意识到航空母舰的威力，开始放下传统的大舰巨炮思想，加速航空母舰的研发与发展。最初，他们计划建造5艘大凤级航母，16艘云龙级航母，最后实际完成了3艘云龙级航母，还有几艘在战争结束时也未完工。云龙级航母是日本在二战中建造的最后一个级别的舰队航母。

当时日本马力全开造船，不过一些客观因素导致造船过程中产生了问题。云龙级航母是 1943 年左右开工的，要求的工期非常紧张，建造飞龙号花了三四年，再往前一些，建造航母都要五六年，甚至七八年。当时，日本也不知道战争哪天结束，怕航母造到一半战争就结束了，所以就抓紧建造，结果云龙号只用了 725 天就造完了，差不多两年的时间。

现在的航母从铺设龙骨到造完再到下水，按最快的速度计算，两年也不可能完成，即便是造驱逐舰也达不到这个速度。从这个角度来看，当时日本的造舰能力还是非常高超的，毕竟制造航空母舰光船坞和设备的体量就十分可观。

1943 年，盟军开始进行战略反攻，压缩日本的生存空间。1944 年 10 月，莱特湾海战日本战败。从那之后，日本本土被全面封锁，像围了个铁桶，想运输石油、燃料、钢铁和其他造舰的材料已基本没有可能，日本已是穷途末路了，所以云龙级航母可以说一出生就夭折了。

云龙级航母的技术参数

云龙级航母是按照飞龙号设计的，算是中型航空母舰，长 227 米，飞行甲板长为 217 米（航母船体有时候多出一块，所以比上面的飞行甲板长），比 2015 年服役的出云号要短。

云龙级航母的宽度是 20 多米，速度有 34 节。在航母的技术指标中，航速非常重要，像前文那些民用船只改造的航母速度都是 20 节左右，因为民用船只不着急，可以采用经济航速，这样航行起来省油、成本低。但是在战争中，这么慢的速度是不行的，打仗需要在海上快速机动，被敌人追的时候要逃得快，追敌人的时候也要快速到达。如果海上有新战术动作，尤其顶着风的时候，航空母舰速度要达到34节到35节，这样才能给舰载机起飞提供托力。

硬 核 知 识

大家了解航空母舰要注意一个数据，就是长度，长度需要注意飞行甲板长度及舰的全长，这两个长度越长越好。美国的航空母舰能达到360多米长，三四十米宽；日本二战期间的舰艇，像日向号、伊势号约是200米长，30米宽。2015年服役的出云号可能有240多米，这个长度的航母可以说是很厉害的了，这个长度放在二战时是相当长的，赤城号、加贺号、列克星敦号、萨拉托加号也就这么长。

二战早期的时候，日本的飞机性能是远远超过美国飞机的，最著名的就是零式战机，所以取得了很大的战果。但是美国的航空工业水平远超日本，很快设计了各种新式战斗机，日本的战斗机面对这些新锐战斗机根本没有还手之力。为了对抗美军的新式战斗机，日本也开始设计新型的舰载机。其中新型舰载战斗机叫"烈风"，新型攻击机叫"流星"，既能进行轰炸，又能进行鱼雷攻击，甚至还能空战。还有一种舰载侦察机叫"彩云"，这种飞机速度非常快，能躲过美军所有飞机的追击，但是没有火力配备，不能参加战斗。而且"彩云""流星"服役都非常晚，这时候日本已经没有能用的航母了。至于"烈风"，根本就没有造出来。

不过就算能造出来，这些飞机也没有任何用了，因为日本的精锐飞行员早就已经在前面的战斗中全部消耗光了。后来培训的飞行员水平都非常差，根本没什么战斗力。

云龙级航母

云龙号

1944 年 8 月，云龙号服役，服役后不久菲律宾战役开始了。云龙号服役后第一件事就是往战区运送人员和物资——运送陆军部队和樱花特攻机到马尼拉。

陆军部队是前往菲律宾增援即将展开的马尼拉决战（即菲律宾决战），后来山下奉文在这儿组织了十四军。

樱花特攻机是巡航导弹的鼻祖。现在一枚巡航导弹 7~8 米长，圆形的，自带翅膀，翅膀有两个大水平仪，还有垂直尾翼。水平仪用来保持升力，垂直尾翼用来保持方向。樱花特攻机前面能装四五百公斤炸药，自己有动力，有水平仪和垂直尾翼，这是巡航导弹最早期的构架。樱花特攻机和现在的巡航导弹最大的区别在于，它需要飞行员来驾驶导弹。

为什么要驾驶导弹呢？因为战争后期，神风特攻队实施自杀式袭击，把导弹挂在轰炸机下面，到了战区上空以后把樱花特攻机放下来，飞行员就开着樱花特攻机去轰炸美国的航母、战列舰。这种战术是在菲律宾战役时首创的，云龙号载着樱花特攻机到菲律宾，主要就是进行自杀式袭击。

云龙号本想借道台湾海峡（日本当时对台湾进行殖民统治），结果行驶到上海附近，水下冒出美国的鲔鱼号潜艇，被鲔鱼号6枚鱼雷击中，最终沉没。这是云龙号第一次出航，当时舰上载了一船增援马尼拉的日本陆军，还载了几十架樱花特攻机，最终1240人全部阵亡。

被击沉的云龙号

天城号

天城号是云龙级航母的二号舰，和云龙号一样由三菱公司长崎造船厂建造，1944年10月莱特湾海战时完工。这时，日本本土已经山穷水尽了——造船厂的工人很多都是从台湾征召的15岁到18岁青少年，因为日本的青壮年全都上战场了，死伤惨重；当时日本的燃料也严重匮乏，美国占据菲律宾之后，掌握了南海的制空权和制海权，整个印度尼西亚、波斯湾的石油都运不到日本，没有石油，航母和战列舰形同虚设。这也是日本至今高度关注马六甲海峡的原因，因为这是它的海上运输线，日本99%以上的资源都靠海上运输。

天城号服役时，日本正处于这样的尴尬境地。它从来没有出过海，舰载机也没有在海上起飞和降落过，一完工就待在吴港没有动，与其说它是航母倒不如说它是一个防空炮台。

1945年7月美国轰炸吴港的时候，日本人弄了一堆树枝放在航母甲板上，把它伪装成一个小岛。美国飞机来回飞行时发现这个岛很奇怪，飞行员降低飞行高度，飞得很低，发现原来这是大船的伪装，于是投了4枚炸弹把它击沉了。

葛城号

云龙级航母的第三艘舰叫葛城号，于1944年10月完工，之后编入第一航空战队，排水量2万吨左右。它跟天城号的命运一样，服役之后没有石油出海，就待在港口里，美国轰炸吴港时向它扔了4枚炸弹，不过它运气好，只晃了晃，并没有沉没。1945年8月15日日本投降，葛城号成为日本投降后留存的最大舰艇之一。

它和隼鹰号都幸存下来了，隼鹰号已无法航行，但是它还能，盟军拆除了舰上所有的武器，让它前往南太平洋接回已经投降的日本海军、陆军。后来《日本国宪法》规定"日本不保持陆、海、空军及其他战争力量"，不允许拥有航母，所以 1946 年 12 月葛城号被解体了。

葛城号航空母舰

空袭吴港

广岛是日本西面比较大的一座城市，美国 1945 年 8 月 6 日在此投了一颗原子弹，几乎将这座城市夷为平地。吴市是广岛县的一个下属市，相当于我国的地级市。它的地理位置靠近对马海峡，所以吴港是日本很老的海军基地兼造船基地。在 1894 年甲午战争中，它和佐世保基地起到了两个桥头堡的作用。1905 年日俄战争中，这两个基地也发挥了非常重要的作用。吴港是在 1868 年明治维新之后开始发展和兴盛的。

莱特湾海战之后，日本所有的海峡航线都被封锁了。1945 年 7 月，日本投降前一个月，很多战舰因为没有燃料无法开动而不得不待在吴港，这些战舰相当于浮动的炮台，也是现成的活靶子。当时美国和英国开始组织航母编队，加起来有七八十艘航母之多。到了冲绳海战的时候已经有两三千艘舰艇，轰炸吴港可以说不费吹灰之力。

1945 年 7 月 24 日，美国第三舰队派航母舰载机对吴港进行空袭。美国战机出动了 1747 架次，天城号被击沉了，日向号、伊势号这两艘航空战列舰，还有榛名号战列舰和利根号、青叶号重巡洋舰，以及大淀号轻巡洋舰都被击沉了，很多装甲巡洋舰，比如出云号也被击沉了。这些装甲厚重、战斗力强大的战舰，一天就全被击沉了。

美军的 B–29 7 月之前就从塞班岛、提尼安岛起飞，预备对吴港进行轰炸。在冲绳战役结束后，美国陆军航空队的 B–24 轰炸机（以下简称 B–24）直接从冲绳起飞，距离非常近，大概 20 分钟就到了吴港上空，开始轰炸。吴港 40% 以上被炸毁，造船厂、已建好的舰艇、在船台岸的在建舰艇，以及技术设施基本全毁了。

参与海上舰艇大轰炸的还有英国太平洋舰队。因为太平洋战争期间，英国的 Z 舰队被日本消灭了。1941 年 12 月在新加坡，菲利普斯海军中将牺牲，排水量 4 万多吨的威尔士亲王号战列舰和排水量 3 万多吨的反击号战列巡洋舰都被日本击沉了。所以英国派了三艘航母——可畏号、不倦号、胜利号来报一箭之仇。

航母的特种设备

接下来，结合日本云龙级航空母舰给大家普及一点特种设备的小知识。

航空母舰很多方面和驱逐舰、巡洋舰差不多，比如舰体结构、动力、干舷等。另外，它还有一些特种结构，一般是指飞行甲板、机库、升降机等。

航空母舰的结构特点

航空母舰结构方面的特点是一般干舷都比较高，有 9 米，相当于好几层楼，是全封闭式的。这是 1935 年日本第四舰队遭遇风暴袭击后吸取的教训，因为干舷高了，海浪就不至于破坏舰体结构。舷窗也大量减少，主要是为了提升不沉性标准，减少出事时进水的地方。钢板进行了加厚，肋骨之间的距离缩短，舰首和舰尾部分肋骨距离是 600 毫米，舰体中部肋骨间距是 1200 毫米，舰体的结构得到很大的加强。

舰首有 6 层甲板，分别是锚链舱、油库、仓库、军官舱室、船员舱室。舰艇最上层的露天甲板是上甲板，从飞行甲板到顶层甲板的高度是 7 米，最高层是防空观察所，上面设置望远镜负责对空、对海观察，还有雷达天线。操舰的指控所、航海室、舰载机起降的指挥所都在航母最高的塔台上。上层建筑基本被挪在右舷，上层建筑后面就是烟囱，二者放在一起也是一种特殊设计。

飞行甲板

特种设备之一是飞行甲板。云龙级航母的飞行甲板有 217 米长，27 米宽，设有 4 座油压式阻拦索，即 12 条。日本航母跟别的国家都不一样，有 12 条阻拦索，这么多阻拦索怎么用呢？日本飞机在当时非常先进，尾部有一个钩子，降落的时候使用钩子勾住阻拦索就能停下，那时的飞机最大也就五六吨重，轻的飞机只有 2 吨重，拦阻的速度大约是每秒 40 米。

升降机

升降机当时都流行放在舷内，就是飞行甲板中线的位置，放在中间，就像马路中间的井盖，飞行甲板前面一个、后面一个，占地面积很大，有 14 平方米。因为当时飞机还不会折叠，展着翅膀，之后机翼才慢慢发展到可以折叠缩小。

机库

在航母上，飞机得放在机库里，不然几天就坏了，海上的烟雾、暴风雨、海浪都会破坏飞机。两个机库就需要两部升降机，还有两部升降机是用来运弹药的，用来运送放在舱室里面的鱼雷、炸弹。

云龙级航母的弹药基数配备如下：800 公斤的炸弹 72 枚，250 公斤的炸弹 288 枚，60 公斤的炸弹 450 枚，另外有鱼雷 36 枚。这是出航时的武器基数，用完后再补给的另算。

舰载机的配备有：零式战机 15 架，主要任务是保护航空母舰自身的安全，保护制空权，防止对方的飞机突破防线对自己的航空构成威胁；九七舰攻 20 架，携带鱼雷对对方的舰艇进行打击；99 舰爆 30 架，主攻轰炸机，根据不同目标携带不同的炸弹，炸弹从 60 公斤到 250 公斤，甚至 800 公斤不等。零式战机、九七舰攻、99 舰爆加起来有 65 架，机库放不下，其中有 11 架放在飞行甲板上。

机库里面也有一些改进。之前，日本航空母舰中弹后容易发生二次爆炸，原因基本上有两个：一是对方的炸弹直接造成了弹药的爆炸，把弹药库或油库引爆了；二是航母中弹之后，表面上没事，但内部结构被破坏，造成燃油挥发充满舰体，一点就着。这里举个生活中的例子，比如有人骑着自行车在路上被撞了，事故当场人没事，可能就破了点皮，还能起身正常回家，但到了第二天感觉身体不舒服，不知道身体内哪儿被撞坏了，到医院抢救往往已回天乏术。航母也一样，中弹之后看似还能运行，但实际上内部结构已经被破坏了，会出现漏油、汽油挥发的情况，尤其航空燃油挥发性强，油气在舱室里乱窜。通风改善一下吧，往往把原本只散布在少数几个舱室的油气弄得到处都是，哪里都能闻到汽油味。再加上挥发性燃油不停地释放，舰体内油气越来越浓，最后一个小小的火星就能导致航空母舰里面全部着火。

云龙级航母针对这个风险点，相应地改善了机库防火通风的条件。第一，有大量的风扇保持运行，避免油气在里面积聚。第二，机库采用阻燃和不燃的涂料，防止火势蔓延。第三，机库侧位上每隔 3 米就设有一个灭火喷头，都是泡沫式灭火装置，着火以后能自动喷出。原来的航母是 10~15 分钟通风换气一次，云龙级航母每半分钟就自动通风换气一次，防止瓦斯气体引发火灾。虽然改善得这么好，但它们没有机会参战，就在吴港港口待着。美国空袭吴港后，这些航母无法启动，就不可能产生油气，所以这些改进后的航母也没有派上用场。

云龙级航空母舰（计划）

性能参数	
满载排水量	2.18 万吨
全长	227 米
功率	15.3 万马力
最高航速	34 节
乘员	1561 人
舰载机	
战斗机	烈风舰载战斗机 20 架
轰炸机	
攻击机	流星舰载攻击机 27 架（多用途）
侦察机	彩云舰载侦察机 6 架
武装	
防空火力	89 式 127 毫米口径高射炮 12 门
	96 式 25 毫米口径机枪 63 挺
	120 毫米口径二十八联装喷进炮 6 座
雷达	21 号电探（对空、对海）
	13 号电探（对空）

信浓号：

被小潜艇干掉的倒霉鬼

信浓号航空母舰是第二次世界大战中世界上排水量最大的航空母舰，有 7 万多吨，可以说是非常重量级的航母了。直到 20 世纪 60 年代，世界上都没有造出这么大规模的舰艇。信浓号是由战列舰改装而成的，但服役后的第一次正式出航，就被美军潜艇的鱼雷击沉，算是个"短命"的倒霉鬼。

信浓号是大和级战列舰的第三艘舰，大和级战列舰共有三艘：第一艘是大和号，第二艘是武藏号，第三艘就是信浓号。大和级战列舰是日本海军最重要的战舰，性能超过了世界上所有其他的战列舰，造价也是前所未有的高。结果这么厉害的战舰，基本上没开过几次炮就沉了。三号舰信浓号还在建造的时候，日本海军觉得建造战列舰没有用了，就把信浓号改造成了航母。如果不是战局已经恶劣到了无法接受的地步，日本是不可能考虑把这么厉害的战舰改成航母的。

信浓号下水遭挫，开局不利，在内海航行中被美国潜艇击沉，可谓是小艇打沉了大舰，这中间又有着怎样的故事？排水量 7 万多吨的信浓号沉没留给我们怎样的经验和教训，我们又该如何看待它沉没的原因？

建在日本捉襟见肘时

日本海军的发展有赖于清政府的赔款。1895 年《马关条约》中国赔银 2 亿两，相当于日本当时 6 年的国内生产总值，"大炮一响，黄金万两"，什么也不用干就能收到白花花的银子。日本高兴得不得了，拿出近一半的钱来造舰，还到英国去买舰，加速发展本国的舰艇事业。

日本海军发展10年之后成为亚洲最强，此时开始跟俄罗斯作战，不仅消灭了俄罗斯的太平洋舰队，还消灭了前来增援的波罗的海舰队和黑海舰队。

日本非常重视航空母舰的发展。1941年12月7日，太平洋战争爆发前，它已经有10艘航空母舰，当时美国太平洋舰队才3艘航空母舰，所以在大战前夕，日本在航母数量上占据了绝对优势。

在1942年5月珊瑚海海战和6月中途岛海战后，日本决定要加快航空母舰的建造，因为仅中途岛海战他们就沉没了4艘航母。太平洋战争爆发后第二年，日本计划建造5艘大凤级、16艘云龙级航空母舰，此时的日本可谓雄心勃勃。

1943年，日本开始实施造舰计划。但瓜岛海战之后，美国开始反击，日本节节败退。由于美国对日本的封锁，钢铁、石油等原材料无法进口，日本国内造船业发展受阻，大凤号、云龙号、信浓号等的建造捉襟见肘，导致这些航母的作战能力及参战时的续航能力都不够出色，因为没赶上日本海军最辉煌的时期，生不逢时。这个造舰计划没有完成，最后大凤级航母只建成1艘，云龙级航母建成3艘。

信浓号的建造

因为信浓号是由大和级战列舰改装而成的，标准排水量是6.2万吨，满载排水量约7.2万吨。直到20世纪60年代，小鹰号的诞生才打破了这个吨位纪录，小鹰号长 256 米。信浓号作为战列舰于 1940 年开工建造，直到 1942 年下半年中途岛海战日本损失 4 艘航空母舰后，才确定要把它改造成航空母舰，这时信浓号战列舰已经完工一半。按理说，改装相较重新建造一艘航空母舰更容易，排水量 7 万吨的一艘大战列舰，只要在上面加一层机库，加一层飞行甲板，另外加一个上升架即可。

不料，1944 年 6 月，马里亚纳海战日军又损失了 3 艘航母——大凤号、翔鹤号、飞鹰号。这 3 艘航母被击沉以后，意味着日本当时大部分舰队的航空母舰都沉没了，就剩下一些改装航母。日本当时笃信信浓号会成为拯救日本的大救星，把自己的生死存亡都寄托在信浓号身上。因为把信浓号当作最后的撒手锏，所以军方开始赶进度、压工期，到处招人，这时日本的成年人都去当兵了，只好招来学生没日没夜地加班加点建造这艘舰艇。

开局不利——信浓号的下水仪式

这时日本实际上已是强弩之末，熟练的工人都当兵上了前线，国内的原材料也严重短缺，航母的建造困难重重。1944 年 10 月 8 日，尽管信浓号还在赶工期，军方还是决定举行下水仪式。这个下水仪式准备得非常仓促。当时造船是在干船坞，干船坞和海有一道闸门，我们可以将其想象成一个水闸，水闸里边是干的，外边都是水，把水闸打开之后，外边汹涌的海水就开始涌入把船坞灌满，船就浮起来了，可以划到海里去，慢慢起动动力就可以航行了。

航母下水一般都要举行典礼，像日本现在的出云号、加贺号下水服役时，麻生太郎副首相都到现场，拿香槟往上砸，有吉庆的寓意。到信浓号下水时，打开闸门一注水，海水涌入的时候，4条细薄的钢缆被崩断了，信浓号就像脱缰的野马开始左突右冲，球鼻艏撞到船坞上，将"匹诺曹的大鼻子"撞坏了，水听器也撞坏了，搞得信浓号"鼻青脸肿"，开局不利。

出师未捷——创下最快被击沉纪录

信浓号下水就把球鼻艏给撞坏了，但因为要参战，经过抢修匆匆服役，被编入第三舰队第一航空战队，编队之后海军官兵就上舰了。马里亚纳海战后，到1944年10月，第二岛链的塞班岛、提尼安岛、关岛都被美军夺占了。美军占领这些岛屿之后，B-29就可以从岛上的基地起飞，对日本本土进行轰炸，东京就因此遭遇了大轰炸。

东京大轰炸是非常惨烈的。日本多地震，为了抗震，建筑以木屋居多。到现在日本很多房子还是木质的，里面没有家具，进门拖鞋就上炕，躺地上就睡觉，即榻榻米，没有床和桌子，有点像咱们东北农村的那种大炕。木屋遭到轰炸以后就像"火烧连营"，东京、名古屋等许多大城市都被炸得一片狼藉。我觉得这次的大轰炸跟广岛、长崎核爆炸造成的损失差不多，非常惨重。

横须贺海军基地在东京湾，是一个天然良港，现在也是美国第七舰队海军司令部的所在地，里根号核动力航空母舰就驻在横须贺，日本的出云号、加贺号也都驻在这里。美军在空袭东京的时候发现了横须贺海军基地，意识到这个港口的位置有天然优势，战机在空中整天盘旋也没舍得将它炸掉。美国想留着将来占领日本之后自己用，果然后来第七舰队就驻扎在这里了。横须贺海军基地当时有个海军造船厂，上面盖着大顶棚，下面在秘密建造信浓号航母，但美军看不到。

1944 年 11 月 24 日，因为担心航母被炸，日本联合舰队司令长官丰田副武下令 5 天之后转场，将信浓号从横须贺海军造船厂经过濑户内海送往西边的吴港造船厂。为信浓号护航的是第十七驱逐舰队的二艘驱逐舰，其中信浓号服役之后配齐了海军官兵，大量船上工人也随行，舰上一共 2500 人。11 月 28 日中午一点半舰队开始出发，这一天美国射水鱼号潜艇正好在东京湾附近执行救援任务。因为美国每天都有 B-29 对东京进行空袭，有时候战机会被日本的零式战机或地面火炮击落，飞行员跳伞求生，它负责营救飞行员。

这天，射水鱼号接到一封电报，大意是今天不准备空袭东京，任务解除可以自由活动。当天 17 点 18 分，射水鱼号浮出水面充电，常规潜艇就像手机一样，用一天到晚上睡觉时就得给它充电。射水鱼号靠柴油机充电，必须浮出水面，因为柴油机工作需要氧气，没有氧气燃料无法燃烧，不能够带动曲轴、连杆工作，也就不能带动发电机，没有办法给电池充电。核动力潜艇就不用这么麻烦，但是当时还没有核动力潜艇。

射水鱼号浮出水面后发了封电报，表示一会就潜回去，结果发现了一处雷达故障，船员就在东京湾修雷达，这是违反操作规程的。在敌人眼皮子底下晃悠也就罢了，还要修雷达，这对潜艇来说太危险

浮在海上的射水鱼号潜艇

了。修完雷达以后,他们居然开机测试,雷达是一个电磁辐射源,一开机就等于告诉敌方自己所在的位置,这也就是明摆着让敌人赶紧来揍自己,这么做非常危险。果然,它开机关机的信号很快就被信浓号的雷达兵发现了。信浓号的雷达兵马上把情况报告给舰长阿部俊雄大佐,说发现美国潜艇。阿部俊雄非常疑惑,还没到公海就发现了美国潜艇,而且美国潜艇不断地开关雷达,这是在做什么呢? 这位大佐判断,是多艘美国潜艇在这个地方集结,他们在调整战术,进行战术机动,说

浓信号舰长阿部俊雄大佐

不定想要进行狼群攻击。因此，阿部俊雄赶紧采取了相应的战术动作，下令各舰关闭雷达，改用美军不会识别的灯光信号。

另外，护卫舰艇要向信浓号靠拢，不得擅自行动，尤其不能恋战，不能离开信浓号自己跑一边去打仗，要保持队形高速航行，甩开潜艇。因为他推测潜艇在充电过程中，航速不会太高。他们不是正经的航母编队，还没形成战斗力，此次的任务也不是打仗，只是转场。于是，信浓号就以27节的航速高速航行逃跑。这时射水鱼号在水面状态航行，不知道碰到了一支日本航母编队，也不知道日本还有一艘排水量7万吨的航空母舰，因为这是绝密的。射水鱼号在水面航行，舰桥上的观察兵报告说发现一座可以移动的岛屿，雷达兵打开雷达说看不到，艇长恩赖特中将亲自跑到舰桥上去，拿望远镜一看，像是一艘油轮，就下令全速追击。

这时信浓号在前，射水鱼号在后，信浓号是27节的速度，但它采取蛇形前进航线，防止被跟踪时蛇形前进比直线要强，但是蛇形航行速度低，27节航速等于消耗了一半。这样一来射水鱼号在后面很快就追上了信浓号。他们追上一看吓了一跳，这是一艘航母，还有3艘驱逐舰。到了晚上22点45分，信浓号的观察哨发现右舷有潜艇，给它护航的矶风号驱逐舰也发现了射水鱼号潜艇，矶风号驱逐舰二话不说把航速提升到35节开始追赶美国潜艇。

潜艇在水面就跟水面舰艇一样，在水上充完电以后在水下的航速只有几节，是很慢的。矶风号驱逐舰发现它之后，以35节高航速追赶，一会射水鱼号就进入它的火炮射程了。但是，由于阿部俊雄大佐有令在先，各舰要给信浓号护航，紧贴信浓号航行，不得离开队形自行战斗，更不能随便开炮，所以矶风号贻误了一次战机，它本来可以用大炮把射水鱼号击沉的，双方当时的距离只有5海里。结果，射水鱼号潜艇吓坏了赶紧下潜，矶风号一看它下潜，转一圈回来了，继续贴着信浓号航行。

因为射水鱼号最高航速只有十几节，追不上信浓号，双方就此分开了。这时恩赖特发电报给美军指挥部报告发现一艘日本航母，并告知这艘航母的航行方向等，询问周围100海里附近是否有美军舰艇，请求支援。这是双方第二次接触。

信浓号在三艘护航舰艇的护航下高速航行，一路逃跑。不料，途中一根主轴突然断了，这特别像印度的航母维克拉玛蒂亚号，试航中8座锅炉坏了7座，还着火了。

信浓号和维克拉玛蒂亚号一样，舰上海军官兵和工程师是分开的。海军官兵不管技术，最高速是多少就开到多少，就像大家去4S店买新车，取出来就120公里/小时上高速看它能跑多快，用户一般不多考虑，但工程技术人员就会考虑新车齿轮之类的零件没磨合过，担心会出故障。

对信浓号来说道理也一样，工程师交接的时候说信浓号最快可以达到27节的速度，但没说可以长时间持续27节的航速，要想长时间保持此速度，是需要磨合的。可还处于磨合状态的信浓号就以27节全速前行，结果断了一根主轴，航速从27节降到18节。射水鱼号起初跟在信浓号后面，但后来实在跟不上了，发电报求援，结果周围没有美军，正发愁的时候信浓号居然慢下来了，好像是在故意等射水鱼号。

射水鱼号大喜过望，高速向前航行，很快就接近了信浓号。这时射水鱼号孤军奋战，只带了6枚鱼雷，虽然从理论上来讲，鱼雷是可以再装填的，但是装填一次要好几个小时——这跟手枪不一样，打完了子弹放一梭子就可以了。射水鱼号的敌人是一艘排水量7万吨的航空母舰，还有3艘驱逐舰，打起来就是鸡蛋碰石头。所以，射水鱼号又发电报向周围的美军潜艇求援，或请美军飞机赶紧来支援，自己孤军奋战实在是以卵击石。

凌晨2点24分，射水鱼号发电报又被信浓号侦测到了，船员报告给阿部俊雄舰长。阿部俊雄奇怪怎么又收到潜艇信号，是不是美军采取狼群战术，信浓号已经进入他们的伏击圈了，中了埋伏？阿部俊雄下令舰队转向掉头，后面射水鱼号正好往前赶路，结果信浓号一掉头就跟射水鱼号面对面了。射水鱼号一看对方掉头，迅速下潜占领有利发射阵位，下潜之后用潜望镜瞄准。凌晨3点04分，射水鱼号将6枚鱼雷全都发射出去——一枚都没剩，由于双方挨得太近了，其中4枚鱼雷正好命中信浓号舰桥的正下方。射水鱼号发射鱼雷之后，就深潜到极限深度逃走了。

信浓号被撕开一个10米宽的口子，海水涌入舱室，舰艇很快就倾斜了。具体情况是：3点04分，射水鱼号鱼雷发射；3点17分，信浓号被撕开了一个口子；凌晨4点，信浓号右倾10度。这时阿部俊雄命令向左舷舱室注水，以调整舰艇的平衡，结果半小时没见任何效果，情况反而更加恶化，已经右倾15度。凌晨5点，主机因为进水停止运转；早晨6点，信浓号右倾20度；早晨7点，右倾30度。这时，3艘护航舰艇来拖带，结果缆绳崩断了——3艘排水量两三千吨的舰艇怎么拖得动排水量 7 万吨的舰艇？信浓号继续右倾 35 度，彻底没救了。阿部俊雄下令弃舰，人员撤离 30 分钟后，信浓号就沉没了，导致 1430 多人死亡，舰长与舰艇同沉。

刚服役 10 天，第一次出航 17 个小时，连战场都没上，在内海就被击沉了，这是世界海军史上最大航母、最快被击沉的纪录，也是小艇打大舰的一个奇迹案例。

恩赖特中将本来是营救飞行员的，没有责任去做这件事，结果他擅自主张，击沉了一艘航空母舰，而且自己安全返回。之后，恩赖特中将在美国潜艇部队当了司令。他在临场指挥方面表现出来的才能令人钦佩。

信浓号沉没的原因

为什么排水量 7 万多吨的舰艇说沉就沉？我分析有以下几点原因。

第一，舰艇并没有完全完工。当时舰艇上面还有 2000 多工人，而且大多数都是学生，他们没上过战场，只负责造舰。

第二，信浓号水密门没有关闭。舰上有很多水密门，如果一个舱室水密门关上之后，即使外面都是水，舱室里面也不会有水，没有水它就能保持储备浮力。结果，舰上这么多水密隔舱，水密门都没有关，进水以后就跟民用船只一样。

第三，赶工期粗制滥造。信浓号的水密门最后被发现有两三厘米空隙，根本不密闭，水密门不密闭就起不到作用。由此也可见这艘舰艇工程质量差。

第四，损管不利。舰艇上有一个部门叫损害管制部门，美国特别重视这个部门，认为把损害管制做好了，舰艇沉没不了，等于再生战斗力。日本不重视这个部门，这艘舰上更不重视——因为它还没有正式服役，没有形成战斗力，所以根本就没有损管部门。比如说，舰长下令启动全部的水泵，工人们却听不懂舰长在说什么——因为水泵还没装，排水管也没有，就连手动水泵都没有。到最后就算想损管，舰艇也没有动力了。舰上的损管人员也不起什么作用，舰长下命令，手下的人在逃命，都不知道到底要干什么。

第五，指挥失误。阿部俊雄舰长不听护航舰长的建议，在内海出航分明白天视线好一点，他非要选在晚上走。另外，对情况判断不准确，把一艘潜艇误判成群狼围攻。而且他的指令太保守，下令不要恋战，如果各舰各自为战，说不定会有不同结果。

第六，信浓号被射水鱼号鱼雷击中，撕开了 10 米宽的口子，海水往里不断地涌却还高速航行。这导致海水往里涌得更严重，加剧了它的右倾。如果当时让速度低一点，就近找个小岛搁浅，至少人员伤亡不会那么大，舰艇也沉不了。结果，信浓号起初使劲往吴港跑，以为海下有许多美军潜艇采取狼群战术在追击时，又采取敌前大掉头 [①]，结果掉头后正好撞上恩赖特的射水鱼号，这是最致命的错误——恩赖特也因此占领有利阵位，最后把信浓号击沉了。

---

① 这是东乡平八郎在日俄战争当中采取的一个战术。

信浓号航空母舰（计划）

性能参数	
满载排水量	7.19 万吨
全长	266 米
功率	16 万马力
最高航速	27 节
乘员	2400 人

舰载机	
战斗机	紫电改二战斗机 25 架
轰炸机 攻击机	流星舰载攻击机 18 架（多用途）
侦察机	彩云舰载侦察机 7 架

武装	
防空火力	89 式 127 毫米口径高射炮 8 门
	96 式 25 毫米口径机枪 151 挺
	120 毫米口径二十八联装喷进炮 12 座
雷达	21 号电探（对空、对海）
	13 号电探（对空）

日本航空战列舰：

不伦不类的边角"航母"

太平洋战争末期，日本海军伊势号和日向号两艘航空战列舰
登上历史舞台，这两艘舰是大舰巨炮与航母舰载机双方思
想斗争与融合的产物，这样的战列舰，非驴非马，有点不伦
不类。

伊势号航空战列舰

日本的航空战列舰在二战中被编入第四航空战队，当然也算航空母舰了。日向号、伊势号航空母舰就是战列舰改装的，但这些却鲜为人知。

在前面的章节中，我们主要给大家介绍了一些日本正规的航空母舰，赤城号、加贺号、苍龙号、飞龙号、翔鹤号、瑞鹤号，这6艘航母参与了偷袭珍珠港的战役。后来又讲了飞鹰号、隼鹰号、云龙号、天城号、大凤号、信浓号等航空母舰。它们有的曾经发挥过作用，有的"出师未捷身先死"，还没发挥作用就被击沉了，比如信浓号、大凤号。上面这些都是比较正规的航空母舰。

此外，还给大家详细挖了一些边边角角的航母，平常大家很少听说过的。比如第一艘航母凤翔号，最早一批的航母龙骧号；由军舰改装的轻型航母，以及潜艇支援舰，比如瑞凤号、祥凤号、千岁号、千代田号、龙凤号等；还有民用船只如油轮、大客轮、豪华客轮改装的鹰系航母，如大鹰号、云鹰号、冲鹰号、神鹰号、海鹰号；等等。本章我们来介绍一下更"邪门"的，大家可能听都没听说过的——航空战列舰。

航空战列舰的由来

伊势号、日向号航空战列舰挺有意思，它们最初是作为超无畏战列舰研制的。

超无畏战列舰最早是英国在20世纪初建造的，上面装了一门最大的炮——305毫米口径的主炮。因为当时英国是日不落帝国，它的军舰也自然成为世界舰船的标准。所以，他们声称无畏级战列舰是世界上最大的舰，无可匹敌，装的主炮最大、装甲也最厚。

1909年，英国猎户座级战列舰装备了343毫米口径的炮，超过了无畏级，所以被称为超无畏战列舰。英国主炮突破了343毫米口径以后，美国立马跟风，开展军备竞赛，造了两艘装备356毫米口径大炮的战舰——纽约级超无畏战舰。日本闻风也开始建造装备12门356毫米口径主炮的扶桑级超无畏战舰。这些战舰分两批建造，第一批是扶桑号和山城号，第二批就是伊势号和日向号。伊势号和日向号计划1913年前后开工，但由于经费跟不上一直拖延工期，到1917年12月才开工。开工前，英国和德国在日德兰半岛爆发了日德兰海战，在北海附近打了一仗，这是第一次世界大战期间世界上最大规模的战列舰交战的海上作战。

日德兰海战结束后，世界各国总结经验教训修改舰艇设计，所以伊势号和日向号成了建造得最好的两艘舰。因为经过实战，它们在设计时考虑了舰艇的设计漏洞，进行了修改。日本的零式战机及大和号、武藏号战列舰，信浓号、赤城号、加贺号等航空母舰，全都是由私人企业改装的，从这一点上，可见日本当时造船业的技术已经非常先进了。日向号出自三菱长崎造船厂，伊势号出自神户川崎重工，无一例外都是私人企业的杰作。日本的造船企业在明治维新之前，比中国要差得远，只有一个横须贺造船厂，跟我们当时的江南造船厂相比，还有很大差距。但是明治维新以后，日本后来居上，尤其是甲午海战以后，中国造船工艺日益衰微，日本作为后起之秀超过了中国。

伊势号和日向号这两个名字一直被日本海上自卫队沿用至今，日本现在有两艘航空母舰也叫伊势号和日向号。日本这种取名方式主要是基于两个原因。一是海军舰名一般是相互继承、传承的。俗话说，"30年陆军、50年空军、100年海军"，如果使用一些全新的舰名会让人怀疑这支海军刚组建没几年。以英国海军为例，提到威尔士亲王号，大家会想起在新加坡被日本击沉的那艘老战列舰威尔士亲王号，现在英国最新服役的航母也叫威尔士亲王号，让人感觉英国海军上百年来生生不息。

二是日本的战列舰都是使用古代分国名来命名的。日本古代有很多分国，这种制度起源于奈良时代，是日本天武天皇创立的行政分区制度，共有66个分国，伊势是其中一个分国，在名古屋附近。日本有个旅游胜地叫伊势神宫，是祭祀日本民族最高神——天照大神的地方。日向也是日本古代的一个分国，在九州东南宫崎县附近，那里有座宫崎神宫，供奉的是日本第一代天皇——神武天皇。

伊势号和日向号——航空战列舰的代表

基本装备

伊势号和日向号，最大排水量3.65万吨，长219米，宽34米，吃水 9 米，航速 24.5 节，装有 6 座双联装 12 门主炮，炮管的口径是 356 毫米。这前、中、后部三个炮塔群背负式配制，有点像依阿华号、威斯康星号战列舰的配制。炮的射程不到 30 公里，舰首和舷侧装甲都是 305 毫米，另外还装有 20 门 140 毫米口径的副炮，这是伊势号和日向号作为战列舰时基本的装备情况。

日向号的故事

日向号作为战列舰曾发生过三次事故。第一次是 1919 年 10 月，它刚刚完工服役，还在人员训练阶段尚未形成战斗力，在一次射击训练中 3 号炮塔右边的炮发生炸膛事故，这就好比一个人在进行步枪射击，射击者在脸部贴着枪瞄准的时候枪管炸膛了，射击者必死无疑。当时舰上都是人和炮弹，死伤不少。第二次是 1924 年 9 月，4 号炮膛发生爆炸。第三次是 1942 年 5 月进行射击训练，5 号炮塔装弹时弹在膛里引爆，整个炮塔被炸飞，导致 51 人死亡、11 人受伤。这次事故好像是因为发射步骤出错，炮弹还没有完全就位，就激发点火，发射弹药着了以后闷在炮膛里就爆炸了。

1942 年造船厂都忙得不可开交，也来不及维修日向号，只好在上面弄一块钢板，钢板上面架几挺机枪。1942 年 5 月，日本已经掌握雷达技术，当时叫电波探信仪，就是使用电波来探测信号的一种仪器，简称电探，这是日本最早的雷达。这种雷达是防空、对海两坐标雷达，一个对空、一个对海，很实用。

对空的时候，它对处于 3000 米高空的敌机最远能探测 550 公里，当时飞机时速才 200~300 公里，体积大又没隐身技术，能探测 550 公里的雷达已经很不错了，现在的雷达技术也差不多这个水平。对海平面敌人的舰艇探测范围是 20 海里，也相当不错了。

日本将这么先进的撒手锏放在了日向号和伊势号上，但这两艘战列舰却不在一线，没有跟着南云忠一，反而在第二梯队跟着山本五十六。山本五十六距南云忠一有几百海里，所以整个中途岛海战指挥得一团糟，这么好的技术都没用上。

硬 核 知 识

雷达是日本先发明出来的，在欧洲是英国先发明出来的。英国掌握这项技术以后很重视，日本虽然先人一步却不重视，以至于雷达在战争中没发挥太大的作用。太平洋战争的时候，美国先用上了这项技术，而且发挥了很大作用。如果南云忠一的机动舰队在中途岛使用雷达的话，很早就可以发现美国航母起飞的舰载机了，要是有提前预警，那 4 艘航母就可能不会被击沉了，仅靠航母上的望远镜，20 海里的海况是观测不到的。

日向号航空战列舰（1945 年）

性能参数	
满载排水量	3.86 万吨
全长	219 米
功率	8.0825 万马力
最高航速	25 节
乘员	1434 人
武装	
主炮	41 式 356 毫米口径舰炮 8 门
	89 式 127 毫米口径高射炮 16 门
防空火力	96 式 25 毫米口径机枪 104 挺
	120 毫米口径二十八联装喷进炮 6 座
雷达	21 号电探（对空、对海）
	22 号电探（对海）
舰载机	
轰炸机	瑞云水上侦察机 22 架
	或 彗星舰载轰炸机 22 架

为何改装日向号和伊势号

1942 年 6 月 4 日，中途岛海战中日本 4 艘航空母舰被美国斯普鲁恩斯击沉之后，日本突然少了 4 艘主力航空母舰，军方急得立马下令用大型舰艇改装航母，因为改造航母的舰艇吨位无论如何也不能小于 1 万吨，找不到合适的舰艇，他们最终决定用战列舰改装。当时，日本有 12 艘比较好的战列舰。战列舰改装航母，最好是用大和号、武藏号级别的，它们是全世界最大的战列舰，排水量有 7 万多吨。然而，当时大和号、武藏号正在执行战斗任务，名声在外，突然不让它们打仗用来改装航母显然不太合适。于是，正在建造的信浓号成了替代，可信浓号改成航母以后，刚出濑户内海，在转港途中就让美国射水鱼号潜艇给击沉了。大和号、武藏号和两艘长门级舰艇又不能用于改装，长门级舰艇在日本舰艇中排名第二，1921年就完工了，排水量4万吨的规格按理说是可以用来改装航母的，可它们影响力太大，如果改装很容易被美国发现。而日本剩下的4艘金刚级舰艇又是"老祖宗"，不能动。它们是1913年英国帮忙建造的，后来日本自己又造了两艘，金刚级舰艇已经服役二三十年了，最早是第一批八八舰队配套的战列舰，它们在二战当中发挥的作用最大，参战最多，但火力最弱、装甲最薄。大和号、武藏号两艘舰艇基本上没参战，武藏号第一战就阵亡了，而大和号参战了两三次战役，也没发挥什么作用。

长门级舰艇不行，金刚级舰艇也不行，那就只剩下扶桑级舰艇了。日本扶桑级舰艇其实有4艘，后来因为伊势级舰艇沉了七八年后重造，所以伊势号和日向号又被归为伊势级舰艇。扶桑级和伊势级舰艇吨位差不多，都是3万多吨。日向号发生过3次炮塔爆炸，如果要改装航空母舰，正好可以把炸坏的炮塔拆除，省下了维修经费。于是，日本海军决定将日向号和伊势号一起改装成航空母舰。

硬 核 知 识

　　二战时期日本的战列舰一共有五个级别，最厉害的是大和号、武藏号两艘，排水量 7 万多吨，是当时世界上级别最高的战舰，但是基本没参加过几次战斗就沉了。次一等的是长门号和陆奥号，这个级别的舰艇是 20 世纪 20 年代建造的，在二战时期稍微落后一些，但这是两艘明星战舰，日本全民对它们都特别熟悉。再次一等的级别是伊势号、日向号和扶桑号、山城号，这四艘舰其实差不多，都是一战时期建造的老舰了，二战时期已经很落后了，没什么大用。最后一个级别是金刚号、比睿号、榛名号和雾岛号，金刚号是一战前从英国买的，其他三艘是日本仿造的。这几艘战列舰是最老旧的，但是航速很快，能跟得上航空母舰高速航行，在二战时期这几艘老舰立下的战功是最大的。

两艘舰艇的改装方案

　　紧接着，技术人员开始论证改装方案。第一个方案是两艘舰艇的甲板以上全部拆除，采用全通式飞行甲板，从头到尾 210 米长、34 米宽，全部安装飞行甲板，上甲板以下就是一个装甲的壳体，有点像美国列克星敦号，可以停放很多架飞机。这个方案如果实施，可以将两艘舰艇改装成很厉害的航母，可当时已经是 1942 年底了，这个方案实施起来要花一两年时间，说不定还没改装完成二战就结束了，所以这个方案当时并没有被采纳。

第二个方案就是保留舰艇上的几门炮,拆一半,前面保持战列舰的舰桥、前主炮、中间主炮都不动,就把后面一半拆掉进行改装。这个方案如果实施,那么舰艇的前面是战列舰的样式,后面是航空母舰的样式,整个舰艇看起来既不是马,也不是驴,成了非驴非马的"骡子"。最后,日向号和伊势号保留了8门主炮,改装之后飞行甲板最长是70米,机库长40米、高6米,这是大舰巨炮思想和航空母舰舰载机思想在一艘舰上的融合,中间也经历了很多理念上的冲突。支持大舰巨炮的老海军军官认为,不能把大炮都拆了只装飞机,万一飞机不管用了就完了。就好比海军司令员虽有保镖但敌人来了,发现身上连个手枪都没有,这是不行的。斗争的结果是穿新鞋走老路,用新瓶装旧酒。

伊势号、日向号改装好以后,设计人员在携载战机类型上又出了两个方案。第一个方案是携载22架彗星俯冲轰炸机,彗星俯冲轰炸机在当时的战斗机里性能还算不错,9架放机库里,11架放飞行甲板上,两舷装两个弹射器,弹射器上放两架飞机。弹射器性能还不错,30秒弹射一架飞机。一架飞机从机库拉出来到放上弹射器弹射出去,全程只需5分钟。但这个方案的弊端在于:70米的飞行甲板太短,飞机作战回来没地方降落。这个方案最后也没有实行。

第二个方案是携载一半水上飞机。水上飞机落在水面上以后,需要装起重机将其回收到航母上,要在舰艇尾部装起重机。而且水上飞机速度慢,只能带60公斤炸弹,比较适合做侦察机,不适合做攻击机。最后，军方又建议研发一个新型号的水上飞机专门供日向号、伊势号使用。日本战时研发能力很强，当时就研制了一款新飞机——瑞云，可以携带250公斤炸弹，能够俯冲轰炸，跟99舰爆差不多，专门用来装备伊势号、日向号。

硬 核 知 识

别说二战时期日本有这样的争论，就连20世纪70年代戈尔什科夫海军元帅当苏联海军总司令时，他主持建造的基辅级航母也遇到了同样的情况。"基辅级"有两个含义，一个指航空母舰，另一个指重巡洋舰。因为基辅级航母刚建造的时候，在乌克兰黑海尼古拉耶夫造船厂出厂要出黑海，经过达达尼尔海峡、博斯普鲁斯海峡（又称伊斯坦布尔海峡），当时过海峡要遵循一个海峡条约——《蒙特勒公约》，条约规定禁止航空母舰过海峡。苏联就把基辅级航母称为重巡洋舰。土耳其官方表示重巡洋舰上携载飞机看起来像航空母舰，但苏联声称舰上还有炮、导弹，不是航空母舰。所以它也是一个非驴非马的东西，能装100多枚各类导弹，还能装几十架飞机。

1943年8月，伊势号就服役了，海军兵学校的候补生开始上舰实习，但舰载机的研发速度跟不上，有舰无机，等同"裸奔"，可也不能闲着，就当运输舰使用。

1944 年 6 月，日本在投降前一年才决定组建 634 航空队。这时日本已经是强弩之末了，中途岛海战被击沉了 4 艘航空母舰，瓜岛海战、马里亚纳海战中，包括大凤号在内的 3 艘航空母舰又被击沉了。大部分飞行员也随着航母的沉没而阵亡了，日本这时剩下的飞行员全是"菜鸟"，想组建 634 航空队却发现已经没有飞机了。日本海军本来计划凑 8 架彗星、12 架瑞云，总共 20 架飞机，可怎么也凑不齐。最后，好不容易凑足成立了第四航空战队。1944 年 10 月 10日，美军突然轰炸台湾，于是刚刚组建的 634 航空队从日本本土调防，飞往台湾去跟美国作战。在这次作战过程中，634 航空队被美国摧毁一大半，可谓胎死腹中。

战后一周，太平洋战场爆发了莱特湾海战。日本采取了"捷一号"作战计划，这个作战计划指明要剩下的航空母舰都参加小泽治三郎指挥的舰队作战。第四航空战队配备了伊势号和日向号，而只有把634 航空战队编入第四航空战队，伊势号和日向号才能跟随小泽治三郎指挥的第三舰队去执行诱饵舰队计划，诱骗哈尔西的舰队。小泽治三郎是第三舰队司令，下属的第一航空战队是由正规航母组成的，第二航空战队是由改装航母组成的，第三航空战队是由 3 艘轻型航母组成的，第四航空战队就是航空战列舰——伊势号和日向号组成的。

第三舰队的主要任务就是在菲律宾的东北方向，放飞 4 艘航母上仅剩的飞机，让飞机往莱特湾方向飞，故意让哈尔西发现有日本航母舰载机接近，然后寻找日本航母的位置。最后，哈尔西上当，本来受命在莱特湾附近站岗，以掩护第七舰队司令金凯德在莱特湾顺利登陆，结果哈尔西擅离职守，自行出发去找小泽治三郎的航母舰队，把自己的防守阵位让出来，让栗田健男乘虚而入。栗田健男带着武藏号、长门号，以及所有金刚级战列舰过来准备大开杀戒。要是他继续打的话，消灭美国第七舰队和登陆舰队十几万人是没有问题的，金凯德也不可能登陆莱特湾，因为日本从后面包抄，取得胜利轻而易举，此时美军没有任何战斗力，背后还来了一个大的战列巡洋舰编队，美军一点胜算都没有。

但栗田健男的舰队跟小泽治三郎的舰队之间没有电报联系，小泽治三郎引诱哈尔西成功也无法及时通知栗田健男。栗田健男到了哈尔西的阵位，发现这个地方四门大开。这就像司马懿碰见诸葛亮唱空城计，之前打听到几十万美军部队要在这里登陆，几千艘登陆舰艇就在眼前，可却没人看门。他觉得事有异常，就不敢往前打了，只是开两炮把美国的一艘航母击沉了。被击沉的美国航母虽然不是什么正经航母，只是一艘民用船只改造的轻型航母，但那也是航母，因此这一举动把美国吓得不轻。金凯德给尼米兹发电报问哈尔西哪去了，明明让他在这里站岗放哨，怎么不见了？之后，尼米兹到处都找不到哈尔西，发电报也没有回应，再加上当时电报为了防窃加了很多字，没有一句好话，把哈尔西气得抓起电报揉烂扔在了地上。越催哈尔西越不听指挥，就是不回航。他本来可以以30节的速度回航，结果就用十来节的速度慢慢往回走。好在栗田健男犯了一个大错误，要不然这一仗美国肯定损失惨重。

但最后，哈尔西还是取得了莱特湾登陆的胜利。因为他擅离职守，未经请示把日本一个偏师当主力痛揍，挨了批评。过了一个多月，他又

哈尔西（右）和尼米兹

把舰队带到台风里，致使很多艘舰艇沉没、受损，死了不少人。尼米兹给他发电报让他把部队交给斯普鲁恩斯指挥。斯普鲁恩斯就是哈尔西提拔的少将，可不到半年直接从少将、中将一路晋升到上将，跟他同级别了，现在还让他把位子交出来，哈尔西一下就生气了，不肯听尼米兹的。尼米兹表示不是撤他的职，只是让他回来休息一段时间。可哈尔西不听，一心惦记着伊势号和日向号。因为他擅离职守去找小泽治三郎时，想把对方 4 艘航母都击沉，可最后伊势号、日向号却跑了，他觉得自己的任务还没完成。

哈尔西告诉尼米兹等他把任务完成再回去，尼米兹只能无奈地让他接着忙自己的。这时已经是 1945 年 1 月，哈尔西率领他的第三十八特混舰队，共 13 艘航空母舰、6 艘战列舰，还有 67 艘巡洋舰、驱逐舰，突破巴林塘海峡①进入南海，起飞 13 艘航空母舰的 1500 架舰载机狂轰金兰湾，一下炸沉了日本 44 艘舰艇，摧毁了 100 多架飞机，可怎么都找不到伊势号和日向号。原来这两艘航空母舰跑到新加坡去执行运输任务了，日本眼看大势已去，新加坡保不住了，所以在外抢了好多东西往回运。1945 年 2 月，台湾海峡、南海到处都被封锁了，所以日本用伊势号和日向号装运物资。

这两艘航母回来一路上被潜艇、飞机围追堵截，但都躲过去了，有惊无险地通过台湾海峡后继续走中国沿海，沿黄海、朝鲜半岛南岸，走关门海峡进入濑户内海，基本上这就是最后一次航程，之后日本外海全都封锁布雷了。不久，美国对吴港发动大空袭，这两艘舰艇当时都停在吴港，从早到晚都被空袭，成了浮动炮台。这两艘舰艇从新加坡回来，把剩下的燃油全给了大和号，大和号装了最后一半的油"自杀"了。而这两艘舰艇没有燃油动不了，最后因多次被空袭受伤，在 1945 年 7 月 28 日被击沉了。

---

① 巴林塘海峡在菲律宾、中国台湾地区，当时南海附近的新加坡、菲律宾、中南半岛等地都有日本驻军，日本掌握南海制空权。

伊势号航空战列舰（1945年）

性能参数	
满载排水量	3.86 万吨
全长	219 米
功率	8.0825 万马力
最高航速	25 节
乘员	1434 人
武装	
主炮	41 式 356 毫米口径舰炮 8 门
	89 式 127 毫米口径高射炮 16 门
防空火力	96 式 25 毫米口径机枪 104 挺
	120 毫米口径二十八联装喷进炮 6 座
雷达	21 号电探（对空、对海）
	22 号电探（对海）
舰载机	
轰炸机	瑞云水上侦察机 22 架
	或 彗星舰载轰炸机 22 架

日向号舰长松田千秋

　　日向号舰长叫松田千秋，属于知美、知英的洋派人物。这类洋派人物当时在日本比较少见，山本五十六、山口多闻也是洋派的。他们留过洋，说英语，在海外当过武官，跟日本土生土长的军人思维不太一样。松田千秋是科班出身，是从江田岛海军兵学校、海军大学毕业的，毕业以后当过参谋、舰长，在机关干过，能独当一面。最重要的是，他在军令部这一领率机关工作过，当过参谋，更当过科长，还制订过日本的战列舰发展方案，在武器装备发展方面有一套自己的想法。

1936年德国和日本签订同盟条约，1937年德意日轴心建立之后，日本为了落实轴心国全球分割的战略，成立了一个智库，这个智库叫"总力战研究所"，也可以翻译成"总体战研究所"，这是个类似我们所说的战略研究所一样的机构。松田千秋当时采用图上推演的方式进行探讨，模拟总统、议长、海军司令等各种角色，也模拟

松田千秋

政治、经济、外交、军事各方面的应对，最后推演出一个结论。他就这个结论写了一个报告，题为"日美绝不可以开战"，核心观点就是日本和美国绝不可以发生战争。其实日本所有的知美派都知道打谁也不能打美国，这个结论是非常明智的，而且他采用的图上推演研究方法直到现在都是非常先进的。

虽然他提出不能跟美国开战，但是日本上层当时已经定了，要跟美国开战。所以1941年9月他被调离了军令部，担任一艘舰的舰长，算是被贬职。在这艘舰上也没人管他，他就在那儿写书、写教材，研究轰炸回避法，把大舰巨炮和航空作战问题理论连起来探讨新的战法。他的研究成果后来被发给日本全海军使用，日本军方觉得他是个人才，打仗时可以重用，于是1942年2月就把他调到日向号上当舰长了。

在往中途岛海域航行参加中途岛海战的过程中，他到大和号上去参加模拟推演，担任的是红方指挥官——红方指挥官代表的是美国，蓝方指挥官代表的是日本，红蓝对抗。他在兵力推演对抗中把蓝方给打败了，而日本在中途岛海战中也果然失败了。

经此一事，日本总结经验教训，觉得松田千秋很厉害，又把他调到大和号上当舰长，最后被升为少将。1943年以后，他又从大和号舰长少将调到军令部大本营当高级参谋，在统帅部当了一年参谋。1944年，他又调到伊势号、日向号，担任第四航空战队司令官，参加了莱特湾海战。

日本二战战败以后，因为他够不上战犯，国际法庭也没起诉他。他总结日本战败的原因有三点。第一，从战略上来看，日本战线拉得太长，没有及早从中国撤军，而且对德意日轴心国过度相信，四面树敌，跟谁都开战。第二，从战术上来看，他认为山本五十六过分迷信航空战。第三，从战法上来看，日本没有摧毁美国的航母力量，自始至终摧毁的美国航母都非常少。美国保持了战争动员的潜力，使用最强大的航空力量、战争潜力，用自己的长处来打日本的短处。反观日本，没有资源、能源，在航空方面，舰艇打一艘少一艘，飞机打一架少一架，所以在这方面根本没办法与美国对抗。

现在看来，松田千秋的分析还是很正确的。他于1995年去世，终年99岁。

日本潜水航母：

鸡肋一样的存在

讲日本航母，一定要特别讲一下潜水航母。潜水航母的概念很早就有了，日本在这方面发展得也比较早。那么，潜水航母是怎样被设计出来的？这种航母又有哪些特殊的性能呢？

伊-400号潜水航母

航母由于体积太大，所以目标也很大，因此在海上被攻击的风险也比较大。有些军事爱好者就想到发展潜水航母，把飞机放到航母上然后潜到水下，打仗的时候再浮出水面。其实，这一想法早在一战之前就有了。

潜水航母的发展过程

第一次世界大战前，英国一名名叫彭具林顿·比林的海军军官就有了发展潜水航母的想法。当时英国对德国齐柏林飞艇基地发起轰炸，因为岸基飞机作战范围不够广，那时也没有航空母舰，于是他就想如果水上飞机在潜艇上起飞，就可以扩展作战半径，于是向海军部提出建议。英国海军部组织研究后认为这个想法可行，就用122潜艇和水上飞机改装试验，这是世界上关于发展潜水航母的第一次记载。

1914年第一次世界大战开始以后，德国有一位名叫沃尔特·福斯特曼的潜艇艇长，提出来要把飞机放到潜艇上，由潜艇携载到一定距离后，对英国的港口发起攻击。1915年，他们实现了水上飞机在距离目标15英里的水面起飞——攻击英国的肯特郡港口。当时使用的就是潜艇上起飞的飞机，这也成了一个战例。

1910 年以后，英国、德国、美国、意大利、法国等西方国家陆续开始发展载机潜艇。

由于日本当时和西方国家关系紧密，再加上在第一次世界大战中密切关注各国军备发展情况，所以在 20 世纪初期也注意到了潜艇携载飞机的试验，只不过一直没有着手研究。1937 年，日本开始尝试让潜艇携载水上侦察飞机，这种水上飞机就是零式小型水上侦察机。1938 年试飞以后，零式飞机性能不错，速度为每小时 246 公里，航程能达到 882 公里。飞机的机体采用金属和木质结合，机翼是上单翼或者中单翼布局，简单来说就是机翼是平的，机体很多地方都采用木材，减轻了机身的重量，提高了升力。当时开始试验可折叠飞机，折叠以后放在潜艇上，推到机库里。水上飞机一边一个浮桶，是双浮桶。

水上飞机飞上天时是飞机，落到水上时就是船，所以它有类似船的构造——浮桶在水面浮动，在潜艇上从折叠状态打开，10 分钟就可以组装完毕，转为飞行状态。1943 年之前，日本一共建造了 126 架这种水上飞机。二战初期，日本的潜艇力量比较差，一共有 64 艘潜艇，其中 41 艘是能够远洋的大型潜艇。当时日本潜艇的主要任务是到中远海域去侦察，主要范围是澳大利亚、新西兰一带，以及印度洋、东非、索马里、马达加斯加一带。美军当时对潜艇技术不太了解，所以这是日本获取情报的一个非常重要的途径——因为在公海大洋发现一艘航母很容易，但是发现一艘潜艇很难，所以潜艇容易突防，在没人的地方让飞机飞出去侦察，飞机回来以后落到水上再回收。在很长一段时间内，这是侦察对方情况的一个非常好的方法。

1941 年,美国通过了《租借法案》,就是美国拿出一笔物资支援英国、苏联与德国作战。由于美国通过《租借法案》支援德国的对立国,所以德国 12 月 11 日对美国宣战,派了 5 艘潜艇到美国的东海岸。德国潜艇到那儿一看,美国到处灯火辉煌,东海岸的纽约、弗吉尼亚基本上不设防。这 5 艘潜艇带的弹药不多,为了节省弹药,舍不得用鱼雷,就用火炮摧毁了许多美国舰艇、商船。其中有一艘潜艇 U123 号,艇长是哈尔根,击沉了美国 8 艘商船,共计排水量 5.3 万吨。要知道,甲午海战被日本摧毁的北洋水师舰艇排水量加起来才 4 万吨。

1942 年的前三个月,德军潜艇在大西洋上肆虐,德方一艘舰艇都没有损失,却击沉了盟军 242 艘商船,共计排水量 134 万吨。半年内,德国潜艇在美国水域击毁了 397 艘商船,战斗力很强。

伊-400 号潜水航母的由来

当时日本的潜艇数量很少,山本五十六看德国潜艇能转到美国东海岸去打美国,也跃跃欲试。

1942 年 2 月,山本五十六派了一艘伊-17 号潜艇到美国西海岸,对加利福尼亚州圣芭芭拉一带的一座炼油厂进行炮击,引发了美国民众的恐慌。事实上,这次袭击没有造成太大损失。11 月,山本五十六又派了一艘潜艇伊-25 号,在上面起飞零式小型水上侦察机,对美国的俄勒冈州投下炸弹,结果没炸着居民区,炸弹落入森林造成森林火灾。经过这几次,山本五十六决心要发展潜水航母。

1942 年 4 月,山本五十六亲自下令,组织研制潜水航母,准备建造 18 艘这样的航空母舰。这个计划刚实行到 6 月，日本遭遇中途岛海战并在战争中失利，4 艘航空母舰被击沉，这一事件我们反复在书中提及，也是因为此次事件对日本造成的影响十分深远。再加上之前损失的祥凤号航母，日本的海上战局开始朝不利的方向发展。

为了扭转不利的战局，山本五十六下令吴海军工厂加紧建造伊-400 级别的潜水航空母舰，伊-400 号潜水航母基本上用两年就完工了。从构想建造潜水航母到它下水服役，不到两年的时间就完成了，可以说这个速度是很快的。接下来第二号艇 401、第三号艇 402，也都陆续开工了。

1943 年 4 月 18 日，山本五十六要去南太平洋的部队视察，去之前他发了一封非常长的电报，把他出发的时间、经过的地点、计划视察的部队、逗留时长、随行人员、护航飞机，以及他乘坐的飞机信息等全都记录下来了。电报发出去之前他要签字的，很多参谋和官员都劝他不能这样，万一泄密就糟糕了，但山本五十六坚持要发电报。结果这封电报被美国截获了，美国派 16 架 P-38 闪电式战斗机（以下简称 P-38），把山本五十六乘坐的飞机击落了。

山本五十六主张建造伊-400 号潜水航母，结果还没完工就意外去世了。日本的海军和陆军是死对头，山本五十六在世时帮助海军发展航母，等他去世之后，陆军开始要求把钱省下来发展坦克，所以就没人管潜水航母的发展了。计划中伊-400 级别的潜水航空母舰共建 18 艘，最后缩减到 5 艘，而真正完成的只有 3 艘。换句话说，山本五十六原本打算建 18 艘潜水航母，最终只建成了 3 艘。对日本来说，这个项目一启动就不顺利。

伊字号潜艇的性能

日本潜艇通常以重量级来命名：排水量 1000 吨以上的属于远洋潜艇、大型潜艇，是伊字号；排水量 500 吨到 1000 吨的是吕字号；排水量 500 吨以下的小艇是波字号。

伊字号潜水航母，长 122 米，水上排水量是 3550 吨，水下排水量是 6560 吨。伊–400 号潜水航母跟我们中国现在最大的一艘驱逐舰吨位几乎相同，日本能造出第二次世界大战中最大的潜艇，可想而知当时它的工业制造力是非常尖端的。伊–400 号的航速为水上 20 节，水下 7 节。16 节航速下，航程能达 3.3 万海里，等于在地图上随便点一个地方它都能够到达，作战半径覆盖全世界——接近核动力潜艇。

现在的潜艇没有在甲板上装大炮的，但是可以垂直发射导弹。这艘潜艇除去 8 个鱼雷发射管，一共有 20 枚鱼雷，包括备用的鱼雷，甲板上还装了一门 140 毫米口径的炮——现在美国标准的驱逐舰、护卫舰装的主炮才 127 毫米口径。我们国家驱逐舰上刚开始装的炮也就 130 毫米，就算口径比较大的了。

另外，指挥台围壳上面装了一枚 25 毫米的机关炮，后边还有一个飞机机库。机库上面装了三座三连装的 25 毫米机关炮，三座三连装，那就是九门炮。这艘潜艇的武器装备和水面舰艇已经相差无几了。

伊–400 号上的舰载机叫晴岚特别攻击机（以下简称"晴岚"），"晴岚"的意思就是晴天的风暴，这种型号的飞机是专门为伊–400 号潜水航母研制的。飞机翼展 12 米、长 11 米、高 4.6 米，规格这么大的飞机没法放到潜艇上，必须折叠。就跟变形金刚一样，它被折叠后机翼由原来的 12 米缩小到 2.3 米，高度缩到 2.9 米，正好能塞进机库里。

硬 核 知 识

现在俄罗斯的基洛级潜艇号称是世界上最好的"大洋深洞"，是性能最好、最隐蔽的潜艇，中国、越南、印度、伊朗都进口了基洛级潜艇。它的长度是 72 米，宽 9.9 米，吃水 6.6 米，水面排水量 2300 吨，水下排水量 3000 吨，约比伊-400 号少一半。日本现在服役的苍龙级潜艇有 11 艘，是 AIP 动力。AIP 工作时不需要氧气，所以潜艇不需要经常浮出来充电，在水下能够长时间航行，潜下去后十几天都不用浮上来，相当于半个小核潜艇。苍龙级潜艇是现在世界上最先进的潜艇，长 84 米，宽 9 米，吃水 10 米，水面排水量达 2950 吨，水下排水量为 4200 吨。现在，排水量 4200 吨的潜艇已经算最大的了，还没有 6560 吨的。相比较而言，法国的红宝石级潜艇比较大，潜深 500 米，是世界上最小的核动力潜艇。它由核动力推进，水面排水量是 2300 吨，水下排水量为 2670 吨。从这些潜艇的数据来看，现在常规潜艇吨位没有比伊-400 号大的，伊-400 号太厉害了。

这种飞机有两种携载方案，载 800 公斤炸弹或者 450 毫米鱼雷，续航的作战半径是 500 公里。潜艇上有一个机库，35 米长、3.6 米宽，能装 3 架折叠飞机。

晴岚特别攻击机

伊-400号潜水航母的机库

　　大家想象一下，一艘潜艇前面是一个指挥台围壳，人进出潜艇
都从指挥台围壳走，指挥台围壳后面是一个长35米的大机库，机库

里装了 3 架晴岚飞机，机库口延伸出去是 26 米长的弹射器。发射飞机的时候，先将其从机库拉出来装配，因为机库里面的空间不能将 3 架未折叠的飞机塞进去，太拥挤。而飞机拉出来时是"变形金刚"还未变形的状态，之后就开始"变形"，展开翅膀，加油，挂弹，然后放到弹射器上。飞机从拉出来到一切准备就绪，需要花费 45 分钟。晴岚出去执行任务，最远能飞 500 公里，执行完任务回来，降落在潜艇的周围，然后再使用潜艇上的吊车将其吊回来复位，把它的翅膀折叠回去，塞到机库里，整个过程非常复杂。

硬 核 知 识

日本在战争时期有很多创造发明是很有意思的，有些想法虽然后来被证明是错误的、不可行的，但是当时却研究得很认真。潜艇的艇形有很多种，现在最时髦的是水滴形，类似水滴的形状，还有鲸鱼状的，即跟鲸鱼相似，是个圆柱形。但伊-400 号潜水航母上面要装飞机，有一个很大的机库，圆柱形不稳重，在水里翻滚飞机无法弹射起飞。所以，设计师在这个设计上花费了很多的心思，让机库在飞机弹射起飞时能保持一定的稳定性。最后，通过各种实验，他们采取了横向双重结构。现在所有潜艇的结构，我们基本上可以将其想象成一个暖水瓶，外面一个壳，里面是一个盛水的玻璃保温瓶胆，外面的壳和里面的瓶胆中间有一个空隙。潜艇就是这种结构，这个空隙对潜艇来说是非耐压壳体，不承重。

横向双重结构好像是两个暖瓶，有两个内胆，纵向看它有点像眼镜，一面各一个镜片。现在有好多水面舰艇，也就是小水线面双体船①，美国的濒海战斗舰就是这种类型的。两个船体上面搭一个上甲板，虽然是一艘船，但是在上甲板上它获得的面积是两艘船的面积，所以起降直升机非常方便，而且稳定性非常好，这叫高性能艇。这是现在水面舰艇比较时髦的设计，但是潜艇没有这样造的。

由于体积增大，潜艇下面耐压壳体里可以设一个专门的弹药库，弹药库周围放上装甲，另设一个专门的燃料库。前面是个双壳体、双桶，然后到了舰尾它又合二为一，成了一个单壳体。单壳体这一部分是艇员的住舱，前边艇首的两个壳体，每一个壳体里竖着放 4 枚鱼雷。这个机库下还有舰载机的维修车间，弹药库放 15 枚炸弹，4 枚空投鱼雷以及机枪的弹药。

这样的设计在使用的时候就有点复杂了，因为指挥台围壳没有设计在中线上，设计在中线上好指挥，这有点像枪的十字线，和枪膛在一条中线上，否则没法瞄准。这个指挥台围壳是斜的，偏离中线两米多，重心到一边去了。为了保持稳定，另外一个方向的机库又偏移了半米，当时还没有导弹，指挥员使用潜艇强调要抢占阵位，但这个设计没法瞄准，因为射击时要斜着眼睛看。比方说，我要想让舰群直线前进，正满舵，把正航向的时候，必须要保持右舵 7 度

---

① 又叫半潜双体船。浮力由两个样子好像鱼雷、全浸在水中的船身提供。水线正好在连接全浸船身跟水上船体的支架部分。因为水线面积较小，这种船受浪的影响较小。小水线面双体船主要是用来提高船的稳定性，能在恶劣海情下保持高航速。但其船体结构复杂，自稳性差，吃水变化对载重量变化非常敏感。

才能正舵前进，这就是考验舵手技术的时候了。指挥员在紧急状态下，还得想这些事情，所以这是一个很大的设计缺陷。

鱼雷攻击之前要计算阵位，作战右转弯半径不一样，指挥台围壳不在中线，对焦的焦距不一样。这艘潜艇上还装了雷达，双筒望远镜，因为自持力为 4 个月，所以舰艇上必须装备 4 个月的食物和水，艇上载 213 人。所以可以说，这是一个非常稀奇古怪的大型装备。

生不逢时的日本潜水航母

二战后，潜水航母并没有发展起来，究竟是什么原因让这一神奇的舰艇未得到普及与发展，这种舰艇在作战过程中又有哪些趣事呢？

1944 年底，伊–400 号、伊–401 号这两艘艇完工后，日本海军就组建了第一潜艇队——相当于中国的正师级单位。日本海军认为用两艘艇组织一支潜艇队规模有点小，又配属了伊–43 号、伊–44 号两艘潜艇。第一潜艇队司令官有泉龙之介，大佐军衔，相当于大校的指挥官。日本海军同时组建了一支航空队——第 703 航空队。这支航空队专门配属了 10 架晴岚水上飞机。1945 年 4 月，第一潜艇队和第 703 航空队开始合练，艇机相互配合，因为驾驶潜艇的人不懂飞机，操作飞机的人不懂潜艇，双方都服役并成立编制后，需要大量的训练才能磨合，形成战斗力，并不是有了装备就能打仗的。

1945 年 4 月，日本海军联合舰队司令长官由小泽治三郎代理，小泽治三郎原是日本海军大学校长，理论水平很高，对战争的研究出神入化。太平洋战争刚开始，他就积极投入其中，在整个战争过程中，指挥了许多场知名的战役，例如马来亚战役、马里亚纳海战、莱特湾海战，但是打赢的不太多。太平洋战争刚爆发的时候他是中将，战争结束时还是中将，即使当了联合舰队司令长官依旧是中将。按标准来说，他的军衔应该升为大将，但日本军方几次提拔他，他认为自己水平一般，都拒绝了。二战结束后，美国对一些战犯进行审判，对小泽治三郎却网开一面，不再追究他。美国当时挺佩服他，认为他作为军人完成了自己的任务，就没有把他列入战犯的名单。

小泽治三郎在代理联合舰队司令期间，制订了一个 PS 计划，准备用 10 架艇载机（2 艘潜艇上各装 3 架，共 6 架；其余 2 艘潜艇，每艘各装 2 架，共 4 架），投放细菌去打击美国西海岸加利福尼亚一带的人口稠密区。

当时，日本 731 部队在中国的哈尔滨已经研制出细菌武器。细菌武器最早是在动物身上试验，之后转到人体上试验，这是罪恶的行为。731 部队的细菌武器属于生物和化学制剂，主要是使用病毒和毒素让人中毒以后死亡，这是对军民不加区分的，属于大规模杀伤性武器。

第一次世界大战的时候，德国派间谍携带炭疽病菌进入协约国，将其投放到马、牛、羊的草料里，让军队里大量的骡马感染瘟疫，从而影响战斗力。当时德军还使用毒气，在战场上找一个上风位置，把一堆装着毒气的钢瓶释放，导致处于下方的英、法守军 1.5 万人中毒。由于第一次世界大战中很多人死于生化武器，所以 1925 年 45 个国家在日内瓦会议上通过了一个国际条约，叫《禁止在战争中使用窒息性、毒性或其他气体和细菌作战方法》的议定书。

731 部队营区

　　但日本对这个条约置若罔闻，1932 年在哈尔滨距城郊 70 公里的五常县，于背荫河建立了细菌战研究基地，之后转移到了平房区大本营，又在新加坡设立了分部，这就是 731 部队。当时，他们利用抓获的中国抗日志士俘虏进行活体实验，在哈尔滨发现的当时的细菌战手册里，详细记载了日军使用炭疽进行人体实验的一些情况。日军主要通过收集老鼠，在它们身上进行细菌培养，之后用鼠疫传播制造了大量的细菌。

　　这些细菌有两次比较大范围的空中播散。一次是在浙赣铁路[①]：

———————————

① 从杭州进入江西、湖南，到达株洲的铁路线。

1940 年，731 部队派了 80 人携带细菌武器在杭州集结，用飞机在浙赣沿线的城市播撒；1942 年浙赣会战，日本军方又派了 100 多人，携带 130 多公斤的伤寒菌和炭疽菌进行作战实验。

另一次是在滇西战场：1940 年日本关东军南下，到了华中、华南战场，在云南滇西战场上用 54 架飞机投放了 300 多枚细菌弹，造成 58 个县大规模暴发霍乱，两个半月时间里就有 15 万人感染，12 万人死亡。这次病菌造成的后遗症，一直到 1953 年才消除。

日本在中国战场大规模开展细菌战，造成中国军民巨大伤亡，所以当时小泽治三郎提出使用 10 架晴岚投放细菌确实很可怕，实行后美国将面临巨大的威胁。

1945 年 3 月 26 日，小泽治三郎的上级、海军军令部部长丰田副武下令取消了这一作战计划。因为他知道这属于反人类的武器，对军民不加区分地使用生化武器是不人道的。这也表明了日本在使用生化武器方面，对待美国和中国的双重标准。

日本取消这一计划的另一个因素是，日本军方害怕这一方案不成熟，把细菌武器放到潜艇上，潜艇是一个密闭的空间，万一泄漏了，潜艇上的人会无一幸免，所以最后这个作战计划没有实施。

诺曼底登陆以后，德国面临崩溃，欧洲战事基本上处于最后的收尾阶段，下一步就要战略东移，向亚洲战场转移。如果欧洲的舰艇都转到亚洲来，日本必死无疑。所以小泽治三郎计划破坏巴拿马运河，因为巴拿马运河是大西洋到太平洋的必经之路，所以日本要想办法破坏它。

当时美国拥有许多航母，所以日本舰艇是无法航行到巴拿马运河

288

的，只有潜艇能从水下偷偷过去，到运河附近再从潜艇上起飞飞机轰炸巴拿马运河。巴拿马运河的建造结构有点像金字塔，运河水面和大西洋海面落差为 26 米，海水从大西洋海面直接跟运河连接起来，一道一道跟梯田似的，需要通过船闸来调节水位，让船只过一级放一级水，我们的三峡大坝也是采用这个办法。于是，小泽治三郎就决定炸船闸。

从日本到巴拿马运河往返为 2700 公里，需要油料 1600 吨。1945 年 4 月，日本已经开始炼松根油了，发动老百姓上山挖松树根，将松树根放到锅里煮，最后炼出油来供飞机、舰艇、汽车使用。松树根炼不出多少油，印度尼西亚一带的油因为海上通道被封锁无法运回来，而潜艇、航母没有油是无法航行的，日本本土基本上已经是一座孤岛。

为了执行巴拿马运河的任务，小泽治三郎派伊-401 号潜水航母到大连去运柴油。大连当时被日本占领，可日本周围都被水雷封锁了，伊-401 号潜水航母从日本海出发后就触发了一枚 B-29 水雷，负伤后无法执行任务。于是，日本军方又换了伊-400 号执行这一任务，伊-400 号没有碰上水雷，运了一船油回来。

1945 年 6 月，伊-401 号潜水航母修好了，第一潜艇队的四艘艇全都加满油、加满弹，重新换上通气管，还造了假烟囱——因为潜水航母不能一直潜航，在水面状态航行的时候，排水量 6500 多吨的船上面装好几个烟囱，这样可以使对方在用望远镜观望时，误以为这是民用船只。甲午海战时日本就运用这个策略迷惑对方，等距离近了再把假烟囱收起来潜下去。

第一潜艇队一开始从吴县军港出发，之后走对马海峡，到本州西海岸演练战术。4艘艇、10架飞机同时攻击模拟的巴拿马运河船闸，结果还挺成功，一下就把船闸炸毁了。虽然演练成功了，但日本军方还是担忧，大老远跑两三千公里过去，万一炸不准就麻烦了，于是最后决定将战术改为特种作战。神风特攻队是在1944年10月从莱特湾海战中兴起的，到了1945年6月，神风特攻队已经形成风潮。这次任务只让神风特攻队的飞行员负责，飞机只携带单程燃油，再把水上飞机的浮桶拆了，节省的空间可以多带点炸弹，总之日本采用的就是有去无回的打法。就这样，日本军队万事俱备之后就准备出发了。

神风特攻队出发前，冲绳战役马上要爆发，3000多艘舰艇开始封锁日本周边。冲绳海战的时候，有40多艘航空母舰、将近20艘战列舰出战——现在全世界的航母加起来不到29艘，而这一场战役就有40艘航母，所以日本军方被这架势吓到了，觉得大敌当前，已经是火烧眉毛了，这么老远去炸巴拿马运河，是舍近求远，没有多大意义。论证之后，他们决定取消此次计划。

日本军方费尽心思研究建造出这么一种潜水航母，结果什么事也没干成，就琢磨怎么让它发挥点作用，于是又计划7月派它到太平洋攻击美国乌利西环礁的一个航母基地。为了攻击这个航母基地，日本军方又制订了一连串计划，8月17日准备进行自杀攻击，因为4艘艇不能一起走，担心让对方"一勺烩"了，所以就采取分进合击，从不同的路线过去，在约定的秘密地点集合。经过三周的航行，日本舰艇队好不容易到达集结海域，可还没集结起来，其中一艘潜艇——伊-13号就被美国飞机发现击沉了，可谓出师不利。

然而祸不单行的是，伊-401号潜水航母途中遭遇风暴损坏了，不能执行任务。伊-400号潜水航母的电子设备也引发了火灾，4艘潜水航母接二连三地出事。正在日本军方一筹莫展之际，8月15日，日本天皇宣读投降书，宣布无条件投降。第一潜艇队的队员听到广播后，编队总指挥、第一潜艇队司令有权龙之介大佐就征求大家意见：一些队员表示假装没听见广播，按原计划继续执行任务，于8月17日发起进攻；另一些队员反对进攻，认为天皇都宣布投降了，作为臣民不能违反天皇的命令。最后，有权龙之介决定执行天皇的命令，缴械投降。潜艇全都浮出水面，悬挂黑旗，销毁所有作战文件，将鱼雷发射管里的弹药全都射到水里去。为了保密，他们还把10架晴岚全推到海里去了。所有的善后工作完成后，有权龙之介写了封遗书，剖腹自杀了。剖腹在日本是很有代表性的自杀方式，日本很多指挥官受这种思想影响很深，冲绳海战的指挥牛岛满、硫磺岛战役的指挥栗林忠道，也是剖腹自杀的。

8月28日，伊-400号、伊-401号两艘潜水航母被美军接收。美军到艇上一看都吓呆了，他们从未见过、也没听说过排水量6500吨的潜艇，实在太大了，于是决定运回去好好研究和实验。两艘潜艇被运往夏威夷研究，研究员把图画下来研究了一阵，最后得出的结论是这种潜水航母没什么用，干脆弄沉算了。于是，伊-400号、伊-401号全部被沉到夏威夷附近的海里了，前几年好像又被发现了，在水底下保存得还挺好。

美国士兵正在仔细研究伊-400号潜水航母

百无一用的潜水航母

日本费这么大劲造出两艘艇——伊-400号、伊-401号，可它们生不逢时，没起任何作用。二战时期，日本的武器说起来有不少，像大家比较熟悉的大和号、武藏号、信浓号，这些战列舰和航空母舰都非常厉害，最近又复飞的零式战机也不容小觑。但是潜水航母比这些武器更出色，如果在1941年就被研发出来可不得了。可它们生不逢时，一服役战争就结束了，没有用武之地。

一艘潜水航母载3架水上飞机太少了，少说也要配备几十架飞机。但是这也要视实际用途而定，如果用于散播细菌武器，一小瓶细菌就足以致几万人甚至几十万人死亡，不需要太多飞机，摧毁船闸也不用太多架飞机。

一种武器必须经过一定的过程，批量建造以后才能逐渐修正错误。这两艘艇没有大批量建造，又是新艇，所以可靠性不高，一遇到风暴、火灾，就出现损坏或故障不能用了。虽然这两艘潜艇的建造技术尚不成熟，但日本为了它专门研制了新型飞机，生产了十来架，可见对这种航母非常看好，可这种潜水航母没有批量建造，非常浪费。

这两艘潜水航母的操作也很复杂。比如潜艇要放飞飞机的时候，首先要浮出水面，排水量6000多吨的潜水航母浮出水面，美国的雷达一扫就能发现。再者，潜水航母浮出来之后要做准备工作，打开机库，再放飞飞机，整个过程要花费45分钟到1小时。这么长的时间暴露在水面上，再弹射飞机是非常危险的，对方飞机一来袭击就有很高的风险。这些都是潜水航母在战术上不太可行的地方。

日本还有些先进的东西没做好，比如民用船只改装护航航母。日本认为把民用船只改造成普通护航航母不够，要改就改成最好的——这和我们买手机想买最好的一样，结果刚买三个月新型号又出来了，到手的手机就过时了——虽然想法没有错，但没考虑到产品的更新换代速度太快。

战后潜水航母的发展与替代

美国用3个月就可以造一艘航母，二战的时候美国建造了200

多艘航母，在民用船只上随便放一块板子能起飞飞机就行，其他的不会设计得太复杂。而日本就想做到最好，其实这个思路是不对的，比如日本的潜水航母花费了很多精力，还不如美国护航航母发挥的作用大。

1950年，美国研发了天狮星号巡航导弹潜艇，这艘潜艇在指挥台围壳后建造了一个巡航导弹库，发射距离是800公里，能装两枚导弹。在这个基础上，没过几年，美国又研发了天狮星2号核潜艇，可将导弹放在艇首，这潜艇上也建造了一个导弹库，能放5枚导弹。

现在很多人认为美国可能是受伊-400号潜水航母的启发，找到了一些秘密资料，在它的基础上研发的。而我认为美国没有从伊-400号上受到任何启发，20世纪50年代美国从天狮星1号到天狮星2号的研发道路是正确的，只是嫌它太复杂、费力，又要浮出水面，又得准备发射，所以最后做成了垂直发射，把整个巡航导弹都舍弃了。后来，美国发现苏联一直在发展巡航导弹，而且巡航导弹在战争当中用处很大，又跟着发展巡航导弹潜艇，它的战略导弹都是垂直发射的，跟日本伊-400号没有关系。

二战结束以后，潜水航母也发展过，但现在没有哪个国家想发展它。20世纪80年代中期，苏联海军总司令戈尔什科夫元帅制订过水下航母的建造计划，这个计划被称为"938项目"，后来又改成"983项目"。他计划用排水量接近3万吨的台风级潜艇，在上面加装潜水的直升机和无人载具，执行侦察监视任务。结果计划还没完成苏联就解体了，这个项目也就不了了之了。

美国现在正在研究海德拉项目。海德拉项目是智能水下航母，智能水下航母类似于一个水下潜艇，但是能放飞无人机、无人载具，能释放无人潜艇。这对美国来说是百分之百能研制成功的，因为它现在已经为俄亥俄级弹道导弹核潜艇改装了 154 枚导弹，还装了人员输送袖珍潜艇，有丰富的经验，再下一步就是装直升机、无人机，美国在这方面的技术应该没有问题。

潜特型潜水舰（1945）

性能参数	
满载排水量	5223 吨
潜航排水量	6560 吨
全长	122 米
功率	7700 马力
水面最高航速	18 节
水下最高航速	6.5 节
潜航深度	100 米
乘员	157 人
续航时间	4 个月
舰载机	
攻击机	晴岚特别攻击机 3 架
武装	
副炮	十一年式 140 毫米口径舰炮 1 门
防空火力	96 式 25 毫米口径机枪 4 挺
鱼雷	533 毫米口径鱼雷发射管 8 枚
	95 式鱼雷 20 枚
雷达	22 号电探（对海）
	13 号电探（对空）

特殊的水上飞机母舰：

理想很丰满，现实很骨感

第
十
六
章

第一次世界大战时，水上飞机母舰就已经开始使用了。当时
德国主要使用齐柏林飞艇，英国、法国已经有了水上飞机。
在这种情况下，出现了用来装载水上飞机的新舰种，叫作水
上飞机母舰。

日本号水上飞机母舰

在中途岛海战中，山本五十六动员了日本 90% 以上的兵力，与美国进行战略决战。在这场战役当中，日本出动了 13 艘航空母舰，分为 4 个作战大方向，山本五十六亲自殿后。这 13 艘航空母舰中，除了"载入史册"的大航母，比如赤城号、加贺号、苍龙号、飞龙号、翔鹤号、瑞鹤号等，那些边边角角的航母已经没人记得了。在这一章中，我们专门对水上飞机母舰进行介绍，尽量将有关的历史细节全面地展示出来。

水上飞机母舰在日本的航母发展史中占据怎样的地位？为何现在很少有关于水上飞机的探讨？水上飞机母舰与我们通常所了解的航空母舰有哪些区别？

日本航母到底有多少种？

前些年，日本曾打算和印度签署一笔交易——携载 12 架水上飞机的水上飞机母舰，这艘航母叫作 US-2，12 架飞机签了 16.5 亿美元，价格很高，1 亿多美元一架。这个合同截至目前还未谈成，也没有进展。这是安倍晋三解禁集体自卫权，解除武器出口三原则之后的第一个项目。这个项目如果谈成，对于日本向越南、菲律宾、澳大利亚这些国家出口飞机、潜艇等武器装备算是开了一个非常好的头。从性能上来讲，US-2是目前世界上最先进的水上飞机母舰。为什么说它最先进？其评判标准包含两个因素：第一，发展水上飞机的国家很少，我国也只有早前的水轰-5；第二，日本在水上飞机方面发展得比较早，而且在二战时期使用比较多，所以在水上飞机的发展及技术方面是比较先进的。

二战中日本的航母前面我们主要讲了两类。一类就是正规的航母，当时叫作舰队航空母舰，或者大型航空母舰，如赤城号、加贺号、苍龙号、飞龙号都属于这类。另一类是轻型航母或者护航航母，如祥凤号、瑞凤号和"七只鹰"。此外还有一类，叫作水上飞机母舰，这类舰艇很少有人去研究，属于配角，但却是日本航母发展史中不可或缺的一类航母。

水上飞机与水上飞机母舰的由来

水上飞机就是能够在水面上起飞、降落甚至停泊的飞机。很多人会问，这不是船吗？其实它落在水上就是船，飞到空中就是飞机，是飞机和船只的结合，属于两栖装备。落在水上的时候，一边有一个浮桶来保证它不会沉没，其他部分都是密封的。

1903年，美国莱特兄弟成功起飞了重于空气的飞行器，世界上第一架飞机由此诞生。两年后的1905年，法国飞行家、飞机设计师瓦赞兄弟受此启发，制造了机身下装有两个浮桶的箱形风筝式滑翔机，在塞纳河上由汽艇拖引着飞入空中，这是第一架从水上起飞的飞机。于是，人们开始尝试利用飞机自身动力从水上起飞、在水上降落。就这样，经过几年的试验，1910 年，世界上第一架水上飞机开始正式试飞了。

硬 核 知 识

两栖车与水上飞机的原理相同，在陆上行驶时是汽车，但是到水上以后，可以打开自己的浮动装置，就像船一样在水中滑行，采用螺旋桨或者轮胎划动前行。

水上飞机试飞成功以后，就需要想办法对其进行改装，将它放到商船或者货船上，由这些船只运送到海上执行任务。因为当时法国、英国有许多海外殖民地，而水上飞机航程短，无法跨越重洋，不借助船只无法完成远程侦察。最开始，由于水上飞机是船艇和飞机的结合体，因此被拖索拖在航空母舰后面，船在前边走，它在后边跟着。平常在河中，这种拖拽的办法是可行的，但海上无风三尺浪，遇上风急浪高的天气，水上飞机机舱里进水失衡，容易颠覆沉没，所以还是要把它放到船上。这样就，可以携带水上飞机的水上飞机母舰慢慢发展起来。

世界上第一艘水上飞机母舰是法国的闪电号，是 1911 年用鱼雷艇补给舰改装成的。舰船的尾部装着吊车，用来把飞机吊到船上，到需要起飞的时候，就把它吊到水面，降落之后，再把它吊回航空母舰上去。

硬 核 知 识

法国、英国基本上都是在 1911 年以后开始发展水上飞机母舰的。英国一开始受德国齐柏林飞艇的影响还搞了一段时间飞艇，有一艘叫作浮游号的飞艇。浮游号安全性比较差，遭到风暴以后就破损坠毁了，坠毁以后英国就干脆把这个飞艇部门解散了。原来英国飞艇部队的施万海军中校在部队解散之后自筹资金，自己购置飞机，开始水上训练，结果不但训练失败，还把自己给摔伤了。

施万海军中校自筹资金进行水上飞机的起飞降落试验失败之后，欧洲很快（主要是英法两国）掀起了一股驾驶水上飞机起飞和降落的热潮。1910 年，美国特技飞行员尤金·伊利，在巡洋舰搭起来的飞行甲板上第一次实现了从舰艇上起飞，不久之后又实现了在舰艇上降落，所以在《百年航母》一书中，尤金·伊利被认为是人类历史上第一个从舰艇上起飞的飞行员，当时那次试验性的飞行也被认为是百年航空母舰（历史）的开始。第二年，消息传到欧洲，1911 年11 月，欧洲人阿瑟·拉马尔驾驶肖特 SR-7 飞机在河面上成功降落，实现了水上飞机第一次从陆地起飞，在河面上降落。接下来，人们又开始试验从战列舰的前甲板起飞水上飞机，在水上降落。1912年刚试验成功，英国就成立了一支航空部队，这支航空部队把陆军飞行队和海军飞行队结合起来，组成一支新编制的部队，不到两年又被命名为皇家海军航空兵。

回顾历史我们会发现，一些国家对未来的前瞻性研究特别令人佩服。英国皇家海军航空兵是世界上第一个有关航空部门的编制，这一编制组织领先其他国家四五十年。英国在这方面的探索非常超前，有这个部门和没这个部门是完全不一样的。1914年，第一次世界大战爆发，英国海军部就下令把竞技神号轻巡洋舰改装成水上飞机母舰，世界上第一艘能够携载水上飞机的母舰由此诞生了。

水上飞机母舰改装采取的办法是在舰首装一个飞行平台，在后甲板装一个停机平台，而舰载飞机主要使用当时已经非常先进的肖特式飞机，它的机翼可以折叠，折叠以后就可以放到母舰上的机库里了。

改装成功以后，英国又尝试使用皇家方舟号作为水上飞机母舰，这是一艘正在建造过程中的煤船，上边装载了10架飞机，可以使用弹射器抛射推出，发射水上飞机。当时皇家方舟号上就有了正规的机库和修理车间，可以起吊水上飞机。英国水上飞机的发展又刺激法国开始改装鱼雷供应舰闪电号，这艘舰能装载8架飞机。1914年第一次世界大战爆发时，英、法已经开始把水上飞机母舰正式列入装备了。

竞技神号航空母舰

日本的水上飞机母舰

　　1868 年明治维新之后，日本一直在向英国、德国学习，海军方面更偏向向德国学习，两国关系非常紧密。而对于英国和法国的新技术动向，日本早早就注意到了。1913 年底，日本就开始尝试水上飞机的研发与试验，并逐渐形成一股热潮。与此同时，日本也开始改装若宫号（最早叫若宫丸号，1915 年改名为若宫号）。从 1913 年到 1945 年，经过 30 多年的发展，日本一共建造了 8 艘水上飞机母舰，其中有 5 艘在太平洋战争中被击沉。

若宫号

　　日本第一艘水上飞机母舰叫若宫号，若宫号原先是英国于 1900

年建造的一艘排水量4420吨的商船。1905年日俄战争时，对马海峡发生了一场大海战，这艘船在去往符拉迪沃斯托克（海参崴）途中，正好被日本俘获，没收后被编入日本海军，改名为冲岛丸号，之后又改名为若宫丸号。1914年，若宫丸号在横须贺船厂被改装成水上飞机母舰，吨位增加至5180吨，可以装4架飞机（2架在甲板上，2架在机库里），用吊车把飞机从航空母舰上吊上或吊下，然后飞机自行在水面上起飞和降落。

硬 核 知 识

我国的辽宁舰也起到和若宫号类似的作用。在它之后，我们可以建造第二艘、第三艘航空母舰，甚至可能实现核动力，虽然将来史书上可能没有人认为它有多重要，其实它的作用是最大的。辽宁舰可以说是我国海军的航母大学，飞行员、航空母舰的指战员等技术人才都是通过辽宁舰培养出来的，没有辽宁舰，就没有我国后来航母的发展基础。

1914年9月，在完成改装两周后，若宫号就开往青岛胶州湾（当时是德国的殖民地）。从若宫号上起飞的水上飞机，对停泊在青岛胶州湾的德国布雷舰进行空袭，这是世界上第一次航空母舰上起飞飞机对敌空袭的记录，因此也被载入史册。当时英国人正好在青岛观战，也给予了若宫号很高的评价。

若宫号之后又进行了一些改装：机库上盖了两个帆布棚，舰首铺了 20 米长的飞行甲板。

若宫号作为一个试验舰，到 1931 年基本上就退役拆除了。虽然这艘舰没有参与过重大战事，但它作为一个开拓者，发挥了探索、训练的重要作用。如果没有从 1913 年开始若宫号前期七八年"甘为人梯"的经验积累，日本就不可能凭空自行设计、建造出世界上第一艘航空母舰——凤翔号。从这个角度来说，若宫号也算是功不可没。

若宫号水上飞机母舰（1920 年）

性能参数	
满载排水量	7500 吨
全长	111 米
功率	1600 马力
最高航速	10 节
乘员	140 人
舰载机	
水上飞机	Mo 式 Ro 号水上飞机 4 架
武装	
防空火力	80 毫米口径高射炮 2 门
	50 毫米口径高射炮 2 门

能登吕号

日本接下来建造的水上飞机母舰叫能登吕号，这是一艘 1920 年完工、1924 年改装的水上飞机母舰，载机的数量比若宫号多，可以载 8 架，吨位稍微大一些。能登吕号在 1937 年参加了第二次淞沪会战，对中国的上海、杭州进行了空袭，之后又参加了广东和长江作战。第二次世界大战全面爆发后，能登吕号也参加了一些战役。1943 年到 1944 年期间，它先后三次被鱼雷击中但没有沉，最后遭到飞机的轰炸受重创也没有沉没，命比较大。二战结束后，战胜国分割日军的装备，这艘舰被英国接收，并在 1947 年被拆解沉到马六甲海峡了。

秋津洲号

日本还有一艘水上飞机母舰叫秋津洲号。甲午海战的时候，日本就有一艘巡洋舰叫秋津洲号，当时由东乡平八郎指挥。1942 年，日本又造了一艘水上飞机母舰，也叫秋津洲号——这也是日本专门建造的第一艘大型水上飞机母舰，之前都是改装的。

秋津洲号比较特别，只能装 1 架巨型水上飞机。这种飞机叫"二式飞行艇"或者"二式大艇"，既能运输、侦察，也能轰炸，装甲厚重，还能搭载大量的自卫机炮，是当时最先进的水上飞机。后来的日本联合舰队司令长官、山本五十六的继任者古贺峰一就是坐这种飞机失事的。秋津洲号为了吊起这种巨大的水上飞机，就在舰尾装了一台巨大的起重机。

人类在舰艇和飞机的发展过程中做了大量的探索，这些探索让后人避免犯同样的错误。秋津洲号这艘大型水上飞机母舰在 1942 年的所罗门海战和 1943 年基斯卡岛战役中，发挥了很大作用，1944 年在菲律宾海域被美国飞机炸沉。

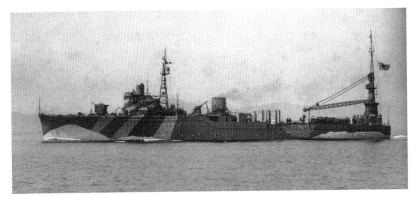
秋津洲号水上飞机母舰

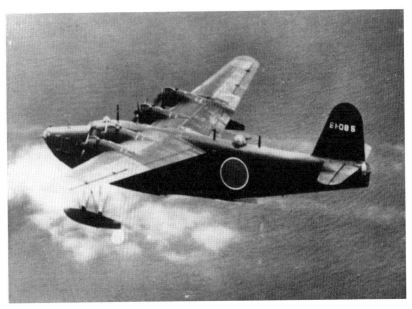
二式大艇

秋津洲号水上飞机母舰（1944 年）

性能参数	
满载排水量	5000 吨
全长	114 米
功率	8000 马力
最高航速	19 节
乘员	338 人
舰载机	
飞行艇	二式大艇 1 架
武装	
防空火力	89 式 127 毫米口径高射炮 4 门
	96 式 25 毫米口径机枪 21 挺
雷达	21 号电探（对空、对海）
其他	海上维修设备 12 种

神威号

神威号原本是 1922 年在美国建造的一艘油料补给船，这是日本二战之前委托外国建造的最后一艘船。这艘船当时是电力推进，1932 年日本把它改装成水上飞机母舰，服役之后 1944 年被潜艇击伤，1945 年被飞机炸沉。

日进号

日进号是 1942 年服役的一艘水上飞机母舰。这艘舰排水量为 1.13 万吨，长 192 米，可载 789 人，算是比较先进的水上飞机母舰了，装有 4 部弹射器、24 架飞机和一定数量的"甲标的"袖珍潜艇。

1943 年，它前往布干维尔岛附近进行作战支援，船上载了 630 人、222 辆坦克、8 门火炮，还载了一堆汽油、食品、战略物资，准备往岛上运送物资和陆军人员。在距离港口 20 海里的时候，舰船速度开始放慢，启动卸载程序，机库打开准备卸载坦克，舰上人员也准备就位。但在这过程中，舰船防空放松了，日进号被美军的轰炸机群发现，一顿狂轰滥炸，结果舰上起了大火，大火引发爆炸，不到 1 个小时，这艘排水量 1 万多吨的舰就沉没了。最后只活下来 91 个人，包括舰长在内的大部分人都遇难了。日本舰船一沉，一般都是舰长身先士卒。

另外还有千岁号、千代田号水上飞机母舰，这两艘舰也比较重要，还有第一个被击沉的瑞穗号。这些舰前面我们已经有章节提到过，这里就不再赘述了。

日进号水上飞机母舰（1942 年）

性能参数	
满载排水量	1.13 万吨
全长	198 米
功率	4.7 万马力
最高航速	28 节
乘员	789 人
舰载机	
水上飞机	零式水上侦察机 12 架
	或 零式水上观测机 12 架
武装	
副炮	三年式 140 毫米口径舰炮 6 门
防空火力	96 式 25 毫米口径机枪 24 挺
其他	甲标的微型潜艇 12 艘

利根号重巡洋舰

水上飞机母舰的作用

日本一共建造了8艘水上飞机母舰，5艘被击沉，所以水上飞机母舰一直都是有争议的。那水上飞机母舰在二战期间发挥了什么作用呢？

虽然水上飞机母舰的速度很慢，不能够携载携带炸弹的攻击型飞机参与作战，但是它续航能力比较好，它携载的飞机飞得远，所以主要发挥侦察、监视作用。而且早期的侦察基本是靠人的肉眼观察，速度也不宜过快，否则看不清。

说起侦察的作用，让人有一种"用时方恨少"的感觉。中途岛海战的时候，南云忠一打了败仗，原因之一是他指挥失误，不应该"鱼雷换炸弹，炸弹换鱼雷"这样换来换去。但在这个原因之前呢？他的决策有什么错误？他所有的错误归根结底就是对形势判断的错误，他没有发现在中途岛东北海域埋伏着两个美国航母战斗群。当时南云忠一敲定了7个侦察方向，就去搜索，其中有一艘叫利根号的巡洋舰，负责东北方向的情报。这艘巡洋舰可以起飞水上飞机，结果

弹射器发生了故障，飞机起飞的时间晚了半个小时，导致情报晚报告半个小时。那时，南云忠一可能过于自负，没等到东北方向的情报，就开始对中途岛发动攻击了。没想到半小时以后利根号起飞的水上飞机报告，说发现美国水面舰艇。南云忠一吓坏了，再去侦察发现竟是两艘美军航空母舰，还有十几艘护航舰艇。这时美军的两个航母战斗群距离南云忠一的舰队还有200多公里，南云忠一的舰队正好在斯普鲁恩斯舰载机的作战范围里，于是南云忠一就开始"鱼雷换炸弹，炸弹换鱼雷"。结果就在日军鱼雷、炸弹全摆在飞行甲板上时，美军5分钟内投下了4枚炸弹，总共1000多公斤，直接导致日本战败。可见侦察的作用是非常重要的，没有侦察就没有情报，没有情报无异于眼是盲的、耳是聋的，在瞬息万变的战场上，这就意味着失败。

　　虽说水上飞机能够发挥侦察的作用，但从二战以后到现在，很少有国家装备水上飞机了。主要原因有两个。一是20世纪50年代，美国出现了舰载预警机——E-1预警机，并且在50年代就装到航空母舰上了。舰载预警机从航母上飞出去几百公里，在几百公里的距离外再用机上的雷达去探测，起码可以探测到四五百公里以外的情况。舰上的雷达也看得很远，这比水上飞机飞出去用肉眼看有用多了。二是 20 世纪 50 年代喷气式飞机上舰，时速可以达到 1000 多公里。水上飞机再快也只有 300~500 公里的时速，相较之下逊色许多。而且飞机在水上来回折腾非常麻烦，作战使用时，对天气状况也十分挑剔，风急浪高的时候根本没法操作。所以战后随着舰载预警侦察机和喷气式飞机的大量出现，水上飞机在侦察距离、飞行速度和适用条件上受到限制，就没有发展起来，逐渐被淘汰了。

下篇

二战后
日本建造的航母

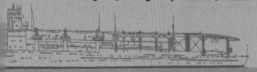

第十七章

日本战败后航母发展概览

一战到二战期间，日本建造完工的航母共有 25 艘，几乎都被击沉了。二战结束后，日本作为战败国军力受到限制，但纵观现在的日本，军事实力却比战前有了大幅度的提升。战后的几十年，日本是如何逐渐崛起的？战后日本的航空母舰又是如何发展的？

日本无条件投降

日本的航母发展起步很早，在二战中又发展壮大，但在战争中，几乎
所有航母都被击沉，但日本发展航母的一些思路与思维，值得研究。

二战中日本航母盘点

在第二次世界大战以前，日本就开始发展航空母舰了。从 1917
年到 1945 年，日本先后建造了 29 艘航空母舰，二战结束时还有 4
艘没有完工，所以实际完工的是 25 艘。这 25 艘航空母舰中，有 23
艘在战争中被击沉了[①]。

在 1942 年的珊瑚海海战、中途岛海战等战役中，祥凤号、赤城
号、加贺号、苍龙号、飞龙号航母葬身大海。

1943 年，日本基本掌握了太平洋的制海权、制空权，而此时美
国刚刚开始打战略反击，双方处于战略相持阶段，所以这一年日本
很幸运，只有 1 艘航母被击沉。

---

① 此处的航母总数以服役的数量计算，信浓号虽然尚未完全建成但已经服役，加上其
他 24 艘建成服役的航母，也就是 25 艘的来源。击沉的航母数量以彻底击沉和击沉
后拆解的数量计算，为 23 艘。

1944 年马里亚纳海战开始之后，日本就没什么好日子过了，一共被击沉了 12 艘航母，大部分是被美国潜艇击沉的。

1945 年，日本已是强弩之末，飞行员也所剩无几，基本上就只能被动挨打，没什么太大的战绩，这年日本被击沉了 3 艘航母。

在这些被击沉的航空母舰中，有 10 艘是日本设计建造的，15 艘是改装航母，还有 3 艘是条约型航母，就是日本在 1922 年《华盛顿海军条约》的限制下建造的。1936 年 12 月 31 日《华盛顿海军条约》和《伦敦海军条约》都到期了，日本不受限制之后就加大军备竞赛，发展正规航空母舰。1941 年，日本建成服役的翔鹤号、瑞鹤号两艘正规航母，排水量 3.3 万吨。此外，日本还建造了大凤号，它是模仿英国的光辉级装甲航空母舰建造的，结果排水量 3.4 万吨的大凤号第一次参战就在马里亚纳海战中被潜艇击沉了。另外还有 3 艘排水量 2 万吨的云龙级航母——云龙号、天城号、葛城号，它们是 1944 年服役的。信浓号是大和号、武藏号级别中第三号舰改装的，改装成航空母舰后在濑户内海航渡中，被美国射水鱼号潜艇发现并击沉。

另外，日本还有 10 艘航母预备舰，航母预备舰就是用各种船只改装的航母。其中 7 艘是征用民用船只改装：大鹰号、云鹰号、冲鹰号等鹰字号航母是用排水量 2 万吨左右的邮轮改装的；隼鹰号、飞鹰号是用大一点的豪华邮轮改装的，吨位是 2.7 万吨。1938 年，日本政府针对商船颁布法令，对排水量 6000 吨以上的商船给予 60% 补助，战时海军能征用接受补助的船只，和平时期公司正常营运。最后 7 艘接受补助的船只全都被征用了，包含所有鹰字号的航母，其中神鹰号是用德国民用船只改装的，这艘航母的详细情况我们前面介绍过。

其余 3 艘航母预备舰是军辅船改装的，祥凤号、瑞凤号航母是用排水量 1.2 万吨的潜艇支援舰改装而成的，龙凤号航母是用排水量 1.5 万吨的潜艇支援舰改装而成的。

二战后日本航母的发展

第二次世界大战结束于 1945 年 8 月 15 日，日本的投降书是 1945 年 9 月 2 日在密苏里号战列舰上签署的。

1947 年 5 月 3 日，在盟军最高司令麦克阿瑟上将指挥下——其实他当时只是找了几个年轻的研究生，用了短短几天的时间起草了《日本国宪法》。1946 年远东国际军事法庭对日本战犯进行审判，1947 年就匆匆制定了日本宪法，麦克阿瑟其实是打算好好收拾日本，彻底解散日本军队。因为和日本打了 4 年仗，美国伤亡也挺惨重，最后投下两颗原子弹才好不容易让日本无条件投降了。所以战后《日本国宪法》中，尤其是第九条，严格贯彻了麦克阿瑟的指导思想，提出了非常严苛的条件，比如日本的军事实力和它的自卫要对等，简单来说就是能达到自卫水平就行了——日本总兵力不能超过 10 万人，军舰不能超过 30 艘，总吨位不超过 10 万吨，不能拥有航母、核潜艇、远程轰炸机，不能发展弹道导弹，作战飞机不能超过 500 架，这是当时规定的日本自卫水平。其实麦克阿瑟当时制定的《日本国宪法》是不错的，但后来慢慢发生了转变。

硬 核 知 识

历史上，日本宪法有两次重大的转变。

第一次是 1947 年麦克阿瑟跟日本昭和天皇的第一次会面。两人原本打算谈 15 分钟，结果谈了 35 分钟。谈话前，麦克阿瑟本想火烧靖国神社，再把天皇送上远东国际法庭审判，改变日本的神道教，铲除日本军国主义、法西斯主义的根源，这个想法很好。结果，他跟天皇谈完后，态度莫名其妙来了个 180 度大转弯，竟然要保留靖国神社、保留神道教、保留日本天皇制度，不追究天皇的罪责，所以远东国际法庭在谈及天皇的定罪、涉及天皇的罪责时基本上都赦免。这位昭和天皇也是日本在位时间最长的天皇，前后共 63 年。

第二次大转变是朝鲜战争时期。朝鲜战争从根本上改变了美国和日本的关系。1950 年 6 月朝鲜战争爆发，当年 9 月 15 日美国在朝鲜元山港登陆，派来了多艘航空母舰。这时日本海军已被解散，但美国做日本的思想工作，要求它安排人员去帮美国扫雷，因为当时元山港四处布雷。日本因为海军解散没人能执行任务，于是美国就让它成立了保安队，这支保安队以后慢慢发展成日本海上保安厅，之后又改名为海上自卫队。日本政府在大街上张贴海报，召集会开船、扫雷的民众，因为这些都是专业的工作，相当于把已经解散的旧日本海军重新召集起来了，让他们去执行扫雷任务。

一开始美国担心日本完不成相应的工作，结果扫雷取得很大的成功。日本政府又召集老兵去给美国搬运弹药和军用物资。这些日本老兵都跟美国打过仗，舰上到处都是枪、鱼雷、炸弹，他们上船后，美国特别担心这些人半夜把舰炸了，报仇雪恨。没想到这些昔日的日本老兵在美国舰上特别老实，从来没有做过冒犯美国军队的事情。这让美国非常"感动"，也算是重新认识了日本。

美国表示双方关系既然这么友好，干脆结盟算了。这时日本首相吉田茂策动美国去劝说战胜国，包括苏联、中国、菲律宾、越南等，免除它的战争赔款，跟日本发展友好关系。

这就引出了1951年的《美利坚合众国与日本国之间互相合作与安全保障条约》(简称《美日安保条约》)，这年4月28日就是日本主权恢复日。在之后的《旧金山和约》中，美国单方面对日本媾和，抛弃昔日战胜国的利益，当然苏联、中国都不承认这个和约。苏联参会没签字，中国根本就没参加。但美国带领一些战胜国签署了这个和约，所以1951年4月28日以后日本就恢复了外交权。在此之前，日本是没有外交权的，因为它不是一个独立国家，这一天也因此成了日本的主权恢复日。

1951年，在《美日安保条约》和《旧金山和约》签订后，日本和美国就捆绑在一起了，美国获得了在日本永久长期驻军的特许权。

1952年，即条约签订后第二年，麦克阿瑟允许日本成立海上警卫队。当时吉田茂首相提出既然成立海上警卫队，日本近海的护航、扫雷这些任务得完成，因此1953年日本向麦克阿瑟提交了一份新日本海军再建案，恳求美国租给它一些护卫舰、炮艇。因为当时日本已经没有舰艇可用了，舰艇都被战胜国瓜分了，所以要求美国租给它一些小炮艇、护卫舰，让它执行近海沿岸的护航、扫雷、反潜任务。当时朝鲜战争刚结束，美国与中国、朝鲜、苏联都处于紧张状态，向日本出租舰艇可以让日本发挥"搅屎棍"作用。在美国的允许下，日本得寸进尺，表示既然可以拥有一些小护卫艇、扫雷艇，干脆批准建立海上自卫队。1954年，日本真的成立了海上自卫队。既然叫海上自卫队，日本就提出要保卫领海，继而提出一个计划，包括有一艘能携载直升机的舰艇，即建造排水量8000吨的小航母。美国一听，这不就是要建造航空母舰吗？当时美国对日本看得很紧，就没有批准。

1959年，日本开始进行第二次防卫力量整备，计划设计建造一艘护航航母，满载排水量1.4万吨。美国谴责日本擅自发展航空母舰，公然违反《日本国宪法》里明令禁止的事项。这以后日本基本就没再提这件事了。

20世纪60年代，日本转入近岸防御。近岸防御就是日本的防卫圈有了12海里的范围。到了20世纪70年代，日本又提出近海消极防御，一步一步将防御圈向外延伸。

1970年，时任日本防卫厅长官中曾根康弘（后来成为日本首相）提出一个航海路或者叫航海带的构想：日本从本土到北纬20度，大约是钓鱼岛、冲之鸟礁、南鸟岛这东西两条海上航线，78万平方公里保卫总面积。美国一看日本反潜护航、扫雷只是"看家护院"，主要也就是在津轻海峡、宗谷海峡、对马海峡，日本海和西北太平洋这一海域内，问题不大。日本在提出的构想得到美国肯定后，就提出需要发展两艘驱逐舰，于是榛名号和比睿号应运而生。

榛名号和比睿号均为排水量0.67万吨，吨位和我们现在的052C型驱逐舰差不多，这么大吨位的舰艇算是当时世界上最大吨位的驱逐舰了。日本借着这一理由发展了两艘驱逐舰，每艘能携载3架直升机。要知道，20世纪70年代驱逐舰能携载1架直升机就非常厉害了，当时全世界的驱逐舰、护卫舰这一级别的水面舰艇，90%以上是不能够携载直升机的，而日本一艘舰艇上就能携载3架直升机，技术程度可想而知。

既然不能发展航母，日本就改变了发展方式，要让舰艇携载直升机，所以建造出了榛名号和比睿号。

1973年石油危机爆发，日本越发认识到海上交通运输线的重要性，所以又建造了两艘舰艇——排水量7200吨的白根级驱逐舰，分别叫白根号和鞍马号，比榛名号、比睿号吨位还要大。白根级驱逐舰20世纪70年代开始发展，1980年服役，这时日本就有了4艘驱逐舰。此时，日本又提出近海专守防御战略，开始组建它的八八舰队。

在了解八八舰队之前，我们先来看一下日本海上自卫队的构成。日本海上自卫队是一个军种，下面设护卫舰队、潜艇舰队、航空队还有直属特别部委，包括机关等。护卫舰队以下编了4个护卫队群，相当于山本五十六时期联合舰队下面的机动舰队，类似南云忠一的机动舰队。这4个护卫队群，每一个都是八八舰队。八八舰队不是战后才提出的，而是在第一次世界大战以后就出现了，日俄战争时期就有这一概念。当时八八舰队由 8 艘驱逐舰和 8 架反潜直升机组成，8 艘驱逐舰里有一艘是旗舰，能装 3 架直升机，其他的是直升机驱逐舰，包括 2 艘防空型驱逐舰、5 艘通用驱逐舰，除旗舰能载 3 架直升机之外，其他舰艇各载 1 架。这是日本发展直升机驱逐舰的一个阶段。日本把 60% 以上的力量投入到发展八八舰队上。

1987 年到 1991 年，日本处于泡沫经济时期。日本在这一时期建造了金刚级驱逐舰。这是一种非常先进的驱逐舰，宙斯盾驱逐舰就是从它开始的。金刚级驱逐舰的特别之处就是吨位特别大，驱逐舰排水量通常是 6000 吨到 7000 吨，金刚级驱逐舰排水量却达到了 9500 吨。此外，除能携带两架直升机之外，金刚级驱逐舰还增加了宙斯盾系统[1]，美国把宙斯盾系统卖给了日本。日向号航母的造价也就 10 亿美元左右，但是金刚级驱逐舰每一艘的造价都在 14 亿到 16 亿美元。一艘驱逐舰为什么比航母的造价还要高？因为它上面装了相控阵雷达以及大量导弹，非常先进。这一级别的舰艇日本造了 4 艘，分别是金刚号、雾岛号、秒高号和鸟海号。20 世纪 90 年代这四艘舰都服役了，装 74 枚标准–2 导弹，通过 16 号数据链可以将舰队的信息互相传递。

日本舰队的防空能力在金刚级驱逐舰与宙斯盾系统加持下大大增强，在这种背景下，日本又开始动发展航母的心思了。20 世纪 90

---

[1] 全世界第一种全数字化的舰载战斗系统，是美国海军第一种具备决策辅助功能的系统，美国海军现役最重要的整合式水面舰艇作战系统，由洛克希德·马丁公司设计制造。

年代，日本提出广域防卫、洋上歼敌，意思就是防御的范围更广泛了，防御范围不仅在近海沿岸，还扩展到大洋，要在太平洋上歼敌。

日本提出远洋积极防御战略。这一战略主张要遏制事态的发生，尽早发现威胁，早日解决，预先布置自己的防卫力量，重点是歼敌于海滨滩头，歼敌于中远海进行大纵深、立体化、主动式的前沿防御。

日本进行远洋扩张战略的想法由来已久。早在山县有朋（1838—1922 年）担任首相时，就具体提出了"两个一千海里"的概念，即日本的主权线和利益线。主权线指海疆，利益线指跟日本利益相关或者日本延伸出去的经济利益和安全利益。山县有朋所谓的利益线后来延伸到了朝鲜半岛、中国全境甚至东南亚和整个太平洋，最后就演变成"大东亚共荣圈"。

具体来说，第一个"一千海里"主要是东南方向，主要指从横滨经塞班岛到关岛这长 1000 海里、宽 240 海里的距离，是一条海上交通线。这条海上交通线主要是从太平洋到印度洋方向，经过帝汶海峡或者望加锡海峡、巽他海峡等一些大的海峡，这些海峡都可以通过排水量 50 万吨以上的巨轮，这是日本要保卫的一条航线。

第二个"一千海里"是从大阪、冲绳、台湾海峡、巴士海峡往西南方向到中国南海、马六甲海峡、印度洋、安达曼群岛，这条航线长将近 1000 海里、宽 150 海里。这条航线严重侵犯中国近海沿岸的权益。

这两条线延伸出去以后面积大约是 374 万平方公里，主要涉及日本周边海域，宗谷海峡、津轻海峡和对马海峡，当然还有宫古海峡、大隅海峡这些核心区域。

20世纪 90 年代，日本制定了《周边事态法》，以周边台海形势与朝鲜半岛危机为借口，声称不能再坚持中曾根康弘提出来的 78 万平方公里，即北纬 20 度以北的防御范围了，必须要扩大防御范围。

我们纵深看日本发展航母的历程，会发现它发展之前会制造"威胁论"，有"威胁"才能有需求，有需求才能拨款，有拨款才能造舰。日本在台海危机和朝鲜半岛危机上借题发挥，渲染"中国威胁论""朝鲜威胁论"。这就相当于敲门砖，之后日本顺势提出要发展两栖攻击舰的需求，最后大隅级两栖舰发展了 3 艘，分别是大隅号、下北号、国东号。这三艘舰在 1992 年到 1998 年期间服役，跟金刚级同期，排水量 1.5 万吨，长 178 米、宽 26 米。这个级别的舰艇开始建造的时候，国际上没当回事，以为两栖舰艇是登陆和输送用的，结果完工后试航才发现其实就是航母。它的全通式飞行甲板，能装 16 架 CH-47 直升机，要知道日向号才装 11 架。此外，它还能装 10 辆主战坦克、2 艘气垫登陆艇，后边有个坞门，基本上就是一艘轻型航母，也可以说是直升机航母。它们既可以当两栖攻击舰，也可以作为两栖船坞运输舰、两栖坦克登陆舰，还可以抢险救灾，这就是日本"平战结合"的大隅级两栖舰。

在大隅级两栖舰的基础上，日本摸清了直升机载机舰和排水量 1.6 万吨以上舰艇如何建造的技术问题，之后就开始发展日向级舰艇、伊势级舰艇。

战后的日向号与伊势号

战后日本通过渲染"中国威胁论""朝鲜威胁论",一步步扩充军备,日向号和伊势号是日本建造的吨位最大的水面舰艇,美其名曰"直升机驱逐舰",但就配置来说它们其实就是航空母舰。

日向号(中)与护卫舰足柄号在日本海北陆海域与美海军核动力航母罗纳德·里根号和卡尔·文森号进行联合训练

日向号和伊势号是日本在二战之后费尽心机建造的两艘航空母舰，国内媒体对这两艘舰的称呼可谓五花八门，有的按日文直译称其为"直升机驱逐舰"，有的称其为"准航空母舰"，有的干脆直接称其为"轻型航空母舰"——将这两艘舰定义为航空母舰是没有问题的，本书将直接称它们为航空母舰。

日向号和伊势号——借题发挥而来的舰艇

日本战败投降后，经过 50 多年的发展，各方面的实力都得以积蓄。它通过发展 3 艘大隅级两栖作战舰艇，探索发展航空母舰的技术，并在这个基础上，研制出了日向号和伊势号两艘直升机航母。

在日向级航母出现之前，日本对建造航母遮遮掩掩，怕美国打压、制裁它，也怕周边国家的舆论谴责。于是，日本以台海问题、朝鲜半岛核问题为借口，表明一定要发展航空母舰，也不怕美国打压了。

美国一看日本羽翼已丰，也没法左右它，索性反向思考，日本用自己的钱发展航母，壮大军事力量，这对美国来讲构不成威胁，对朝鲜、中国的威胁反而更大，既然日本愿意冲在前线，何乐而不为？所以 2010 年以后，美国战略东移，让日本冲在遏制中国和朝鲜的前沿。

其实单就日本来说，发展航母对日本的专属防卫是没太大作用的，因为按照日本的战略，防御范围最南也就在巴士海峡一带。这一带有琉球群岛，能供大量的飞机起飞，它们本身就是"不沉的航空母舰"。此外，还有冲绳岛、硫磺岛、小笠原群岛等，这些岛距离东京才上千公里，用来起降直升飞机、固定翼飞机都很方便，日本根本没必要发展航空母舰，毕竟不是全球作战。航空母舰一定是进行远洋作战、参与主动进攻型作战时才有必要配备。

2001年阿富汗战争爆发，日本借着阿富汗战争提出了《反恐特别措施法》。当时，美国去阿富汗采取军事行动要求日本提供支援力量，日本则表示受《日本国宪法》制约，它出兵是违法的。美国转而要求日本出钱，日本在出钱的同时趁机表示尝试安排些人员力量。之后，日本顺利通过了《反恐特别措施法》，大意就是为了维护日本的国家安全，日本需要参加反恐活动。在《反恐特别措施法》出台的背景下，日本授权了几支维和部队到阿富汗作战。日本就通过这种办法一次通过一个法规，然后出动一定的兵力去参战。

日本负责在印度洋给美国提供援助时，采取了特别有意思的套路——日本出2艘驱逐舰、1艘综合补给舰，免费给美国舰艇提供油、水、食品等物资，美国看日本这么慷慨，也就欣然接受了。之后，日本就一直免费给美国提供补给，但补给了好多年后中断了。美国想要日本继续免费供给物资，这简直就是天上掉馅饼的好事。但日本表示美国要想让日本继续供给，就得同意它解禁集体自卫权，修改宪法。日本干了不少类似的事。

日本借着这种方式有效换取了美国的信任，开始发展日向号和伊势号。这两艘舰基本上在 2004 年到 2011 年期间建造完成并服役。这两艘舰的满载排水量将近 2 万吨，是战后日本建造的吨位最大的水面作战舰艇，加满油、加满水，一次续航能力达到 5000 海里，相当于到印度洋一个来回。舰上配备的舰载机主要是鱼鹰 MV-22 和扫雷直升机 MH-53，如果是海鹰飞机 SH-60B，10 吨以下的中型直升机可以装 16 架，大型直升机可以装 11 架。

两艘航母的特点是全通式飞行甲板，从前到后没有遮拦，也叫平原式航母。这两艘航母约有 200 米长，34 米宽，共两个机库，能够停放直升机，前一架，后一架；4 个直升机起降点上装有相控阵雷达，400 批目标能够跟踪其中的 100 批；16 个垂直发射装置，一秒钟一发。它们是护卫队群里的旗舰，负责指挥控制。日向级舰艇比英国、西班牙、意大利、泰国的那些舰艇性能要好很多。

直升机驱逐舰——欲盖弥彰的名字

日本并不把这两艘舰艇称为航空母舰，而是把其称为 DDH，DDH 的意思是直升机驱逐舰。世界上哪个国家的直升机驱逐舰能携带超过 3 架直升机？日向级舰艇能承载 16 架海鹰直升机，分明就是航空母舰。

根据 1922 年《华盛顿海军条约》的规定，拥有全通式飞行甲板、机库，能够携带和起飞降落飞机的舰艇就是航空母舰。《中国军事百科全书》对航空母舰的定义是：航空母舰是以舰载机为主要武器，并作为海上活动基地的大型水面战斗舰艇，也可以称为直升机母舰。日本之所以遮遮掩掩，就是怕国际舆论的谴责。

所以有时候，我们会看到一些记载中把日向号称作16DDH。16DDH中的16是指日本财政编列年度——平成16年，这一年日本财政预算列入了日向号的建造经费。伊势号又叫18DDH，代表它是日向号之后两年日本财政拨钱建造的。将财政拨款的年份作为命名航母代号的依据总是让人听起来觉得有点儿别扭。

日向号和伊势号的功用

石川岛播磨重工是日本历史非常悠久的造船厂，在二战时为日本建造了很多舰艇，日向号和伊势号也出自这里。

按照我个人在20世纪80年代对航空母舰进行的划分，航空母舰分为：轻型航空母舰、中型航空母舰、重型航空母舰。排水量2万吨以下的属于轻型航空母舰；排水量2万~6万吨的属于中型航空母舰，印度的维克拉马蒂亚号、法国的戴高乐号都是中型航空母舰；排水量6万吨以上的属于重型航空母舰，中国的辽宁舰、俄罗斯的库兹涅佐夫号、美国的尼米兹级航母都是重型航空母舰。

现在，大家基本接受了我当时对航母做的分类。日向号和伊势号排水量达到2万吨，属于轻型航空母舰。

这两艘航空母舰的主要任务是反潜，通过携载的舰载直升机去执行反潜任务，十几架直升机飞出去以后，能在一片海域形成一支巨大的空中搜索队伍，快速对该海域进行反潜搜索，给对方潜艇产生很大的威胁。

这两艘舰艇的作战是跟美国配合或者跟日本P-3C反潜巡逻机配

合。大型 P-3C 反潜巡逻机发现潜艇后能从宏观上判断出潜艇所在的区域，再使用直升机进行猎潜，水面舰艇从中配合。它们主要是针对中国潜艇潜出第一岛链之后，在太平洋进行反潜作战。

它们的其他任务就是作为编队的旗舰负责指挥，另外在一些联合作战指挥的过程中，比如跟美国进行环太平洋军演或者跟日本航空自卫队、陆上自卫队进行联合军演的时候，其他卫队的参谋人员和指挥人员会上舰，利用舰上的指挥设备对部队进行指挥，这些人的日常起居和办公都在舰上。简单来说就是开设一个舰上指挥所，这个任务非常重要。

此外，它们还有一个功能，就是在和平时期抢险救灾，这个任务同样非常重要。军舰在和平时期一般都会担负这类任务，美国的航空母舰也一样。

伊势号和日向号不太具备防空能力。虽然它们装有相控阵雷达和标准导弹，可以用宙斯盾导弹来防空，但由于舰上携载的是直升机，没有办法执行防空任务，如果它们能携载 F-35 战斗机，那就另当别论了。实际上，这两艘舰携载 F-35 战斗机有些困难，即便强行携载，作战难度也很大，所以总体来说它们基本上不具备防空能力。

日向号和伊势号的特点

特点一：配备女性官兵

日向级舰艇有个亮点，就是舰艇上面配备了女性官兵。现在美国很多驱逐舰、护卫舰已经有女舰长了，航空母舰上也配备了大量的女兵，像蓝岭号第七舰队的旗舰起码有一半是女性。美国第七舰队旗舰的主要任务不是作战，而是指挥、通信。现在在外国舰艇上，配备女性官兵已经成为潮流，很时髦。

航空母舰和驱逐舰配备女性官兵主要是出于两方面考虑：一是女性对舰艇操作比较细心；二是舰上配备女性，男性官兵会更注重军容仪表，而且实践证明这样做可以大大提高战斗力。所以，现在各国都采取女性上舰的配置。

特点二：先进的动力系统

日向级舰艇很重要的特点在于拥有先进的动力系统，它的动力系统采用的技术跟中国 052 型驱逐舰差不多——哈尔滨舰采用的是美国 GE（通用电气公司）生产的 LM2500 燃气轮机，它能够确保舰艇快速加速。LM2500 燃气轮机对舰艇快速启动有非常好的助益，能让舰艇航速达到 30~35 节。它与中国技术的不同点在于，日本与美国关系比较好，所以美国授权石川岛播磨重工生产 LM2500 燃气轮机。

特点三：高超的自动化水平

日向级舰艇的自动化程度非常高。日本把舰艇当工艺品做，不得不说日本舰艇比美国舰艇的质量都要好很多，只是因为日本生产批量小，舰艇又没怎么打仗，大家注意不到。日本的舰艇建造得太精致了，尤其是它的自动化水平，这一点光看日本生产的电饭煲就知道，因为二者是一个道理——军事技术转民用，一个国家如果民用技术发展得不好，那它的军用技术通常也不会发展得很好——因为设计人员的思想、设计理念、技术加工的程度等都是相关联的。

硬核知识

我们判断一艘舰艇的战斗力如何，首先要看这艘舰艇的外观美观不美观。如果舰艇外观不好看，一般作战能力都不会太高。因为舰艇要做到外观美观，需要做大量的科学计算，包括吹风、船模等。印度的那些舰艇外观不好看，性能也烂得一塌糊涂，空调密封的地方居然能伸出一个胳膊去，误差达到这种程度，空调当然不制冷也不制热，质量很差。

特点四：配备人员数量少

现在一艘排水量5000吨的驱逐舰配备人员是三四百，日向级排水量将近2万吨的航空母舰配备的人员却不到350人。我个人上舰后特别喜欢去的一个地方是轮机舱，一般人上舰以后都不会去轮机舱，因为里面就是一堆发动机，噪声特别大，而且到处都是柴油，当面贴着耳朵说话也听不清。因为我原来是学机械的，所以喜欢看这些东西。

日本舰艇的轮机舱里竟然一个人也没有，而我们原来的舰艇上专门设立了轮机部门，安排轮机兵在下边值班，听器械有没有发出异常的声音。而日本舰艇的轮机舱里一点噪声也没有，值班人员安安静静地在小空调房里看仪表，原来 20 个人的工作量现在一个人就行了，全都是自动化的，有情况值班人员就报告，像咱们的汽车一样，如果烧机油了，仪表盘马上就显示异常，省了不少人力。

特点五：隐身措施

日向级还采取了一些隐身措施。现有的隐身措施无非就这么几个：一是在舰艇的设计上，见棱见角的地方不设计成 90 度直角，因为雷达波射过来之后直角容易反射，需要采取圆滑设计过渡；二是桅杆采用轻合金材料，造型简洁、矮小，比较精细，这些都是减少雷达反射面积的设计；三是涂层上设置褶帘，比如开的舷窗、舷侧的充气救生艇之类的设备上都放置一些褶帘，褶帘可以降低雷达辐射，有助于隐身。此外，它还采用了一些隐身涂料与透波技术、吸波技术等现代化科技。

特点六：指挥系统采用不同型号的数据链

在指挥系统方面，日向级舰艇采用的是不同型号的数据链，这些数据链跟美国的数据链是相通的，11 号数据链是海军用的，16 号数据链是空地一体的，这是日向号和伊势号最大的特点之一。作为日本的海上编队旗舰，它们的设备和美国编队旗舰以及航空母舰指挥室里面的设备是实时互联互通的，美国人可以在日本舰上指挥美国舰，也可以在自己的旗舰中指挥日本舰，作战时互通有无。日向号发现的信息可以告诉美国，美国卫星发现的信息也可以直接传输到日向号、伊势号上——这也解释了为什么日本不刻意发展它的制空能力，因为美国可以为它提供。

日向号和伊势号的配置

在舰载机方面，因为舰载机主要的任务是反潜，所以日向号和伊势号配备的是反潜直升机。使用的标准是美国的 SH-60，原来是 SH-60J，其中的"J"表示日本的英文 Japan 的首字母，现在改成 SH-60K 就是用于反潜的，除了上面的机载设备略有改进，其他基本上没什么太大改进。

除反潜之外，舰载机还负责扫雷。日本原来用的扫雷直升机是美国的 MH-53E，即海上种马扫雷直升机。通常来说，直升机重量达到 10 吨就已经够大了，我们从法国引进的超黄蜂直升机重 13 吨，中国舰艇上载的直-9 之类的直升机，比如海豚、小羚羊不过几吨重。而海上种马扫雷直升机居然重 30 吨——比 F-35 还要重得多，甚至比战斗机都重。这么重的直升机日向号能装 10 多架，由此可见这艘舰艇真的很厉害。

2003 年以后，日本从欧洲引进了 EH-101 重型直升机，这个型号的直升机是英国和意大利联合研制的新型直升机。日本引进之后把它改成了 MCH-101，用于反潜和扫雷。它在扫雷的时候，在空中拖曳扫雷具，有点像拖拉机后边装一个耙子或者装一个收割机，扫雷具通过拖索挂在直升机尾部，在海上扫雷时就像种地一样来回耙。拖索上装着一些探测设备，探测水下是否有水雷：如果发现水雷上面有刀具，直接把水雷引信破坏；如果发现是索雷（用铁链挂在海里的水雷），可以通过一个索锚在海里直接把索雷的铁链切割断了让它漂浮上来，再用机枪把水雷击沉、击爆。这种设备很厉害，可以大面积使用。

日向级舰艇还可以装 MV-22 "鱼鹰" 旋翼机，日本已经开始采购这种飞机了，这是美国在用的、性能非常好的飞机，重 30 多吨。这一型号的飞机采用新的技术，具体来说就是旋翼在前的时候能形成一种拉力，这种情况下它是固定翼飞机，如果旋翼摇到上面去就成了直升机，所以它是旋翼机和固定翼飞机兼容的一种飞机。这种飞机美国海军陆战队用得非常好，它的缺点就是坠机率很高——主要因为在发动机来回转换的时候，有的飞行员技术不好，切换不顺利，已经因此出了不少事故。日本把这种飞机买回来用于两栖作战，从航空母舰上起飞对陆攻击、运载登陆队上陆都非常方便，所以在日向级、日向级舰艇上是非常重要的机型。由于这种飞机建造之初就考虑到上舰，所以它的机翼可以折叠，折叠以后体积很小，形状有点像瑞士军刀，所以 30 吨的大飞机也能放机库里。

现在大家主要争论的是日向级和日向级舰艇能不能放 F-35 战斗机，我个人的分析是：日向级航母在设计时，给固定翼飞机留有余地，所以它前后两个机库的承载量是 30 吨，这个承载量几乎能放下所有类型的战斗机，一般机库的承载量在 20 吨左右，因此没什么问题。至于舰载战斗机，美国的舰载战斗机机翼都能够折叠，折叠以后也能够放机库里，没有任何问题。

日向级航母存在的问题

日向级航母的问题在于怎么让飞机在上面起飞和降落。现在的飞机都是垂直起飞、垂直降落，或者滑跃起飞、垂直降落。在垂直起飞状态下，飞机发动机尾喷口会朝着飞行甲板吹，如果飞行甲板建造时没有采用耐热钢板，时间长了很容易把钢板烧透，甲板底下是军官休息室和作战指挥室，这非常危险。这两艘舰艇虽然能配备、起飞飞机，但是必须加强飞行甲板的建造，需要进一步改装。

还有一个问题是，飞机在航空母舰上起飞和降落牵涉航空管制，航空管制系统非常复杂，需要进行复杂的改装。另外，舰上只能配备三四架舰载机，三四架舰载机起不了太大作用。这些都是日向级航母存在的比较棘手的问题。

日向级航母和二战时日本航母的区别

按照我们现在的观点，日向级航母排水量只有 2 万吨，标准排水量 1.5 万吨左右，与日本历史上苍龙级航母的体量差不多——苍龙级航母当时的标准排水量为 1.6 万吨，满载排水量为 2 万吨左右。现在的航母与二战时期的航母相比，有几方面是不一样的。

一是二战时期的航母，比如赤城号、加贺号排水量虽说有 4 万多吨，但其实有 2 万吨是无用的，因为它们原来是按战列舰建造的，设计了很大很厚的装甲，而现在的舰都很薄，没有装甲，所以赤城号、加贺号飞行甲板的面积、长度都不如现在的日向级航母。

二是原来的航空母舰上装备各种炮，一门炮轻的几吨、重的十几吨甚至几十吨，都很占重量，而现在的航母就装几门射炮，其他的都是导弹，所以轻了不少，省下的吨位用来装油和其他设备了。

此外，日本二战时期的航母设计上偏细窄——都是很窄很长的艇形，比如苍龙号长 227 米、宽 26 米，而日向号长 200 米、宽 37 米，宽度的增加扩大了上甲板的获得面积。现在的航母和二战时期的航母比起来，这些细节上的差距非常大。

日向号和伊势号在和平时期的任务

抢险救灾

在和平时期，日向号和伊势号除了承担反潜作战的主要作战任务外，还承担着抢险救灾的重要任务，包括海上医疗救护、搜索救援等。比如伊势号参与了 2011 年 3 月 11 日在日本发生的 9.0 级地震海啸的救灾工作，主要是从横须贺载运物资器材到东北灾区。

2013 年 11 月，MV-22 "鱼鹰" 旋转翼飞机上舰时，日本政府正好在探讨日本海上自卫队、航空自卫队、陆上自卫队的相关事宜，各卫队队长共同探讨该型号飞机在日向号和伊势号上起飞和降落的问题，以及是否可以携带西部普通科连队的陆上作战人员——相当于陆战队，组建水陆机动团，把他们训练成两栖作战人员。这次训练的主要科目是怎么在海军海上自卫队舰艇上乘坐 MV-22 "鱼鹰" 旋翼机登陆，伊势号也参与了这一科目的训练并获得了成功。

很多国家的航空母舰战斗群和两栖战斗群每年都会执行大量的搜索救援与医疗救护等人道主义任务，例如在索马里打击海盗，对印度尼西亚的地震海啸、菲律宾的台风进行救援等。我们国家的和平方舟也有参与，这是和平时期海军开展外交的一种方式。伊势号就于 2013 年在菲律宾参与过台风海燕的救援任务。

参与这类救援行动有几大好处：一是给灾区送温暖、送物资，能够帮助灾区解燃眉之急；二是借机加强两国两军的相互交流，给对方潜在的威慑。比如印度尼西亚大海啸那年，很多国家都捐助了物资，大量物资抵达后一些国家只能通过港口的吊车卸货，但是吊车上不了岸，所以物资在码头上堆积如山，帐篷、矿泉水、饮料、面包、面粉、被褥、毯子都堆积在海岸上，没有办法分发到灾民手里。这时，美国派遣海军陆战队的两栖舰和航空母舰用 CH-47、CH-53 直升机去分发（CH-53 有 30 多吨，CH-47 是双旋翼飞机，这两种飞机的运输量都特别大）。

参加军事演习

2014 年 5 月，伊势号参加了环太平洋军演。环太平洋军演是美国第三舰队在亚太地区组织的大规模军事演习，每两年举行一次。伊势号参与的是第 24 届环太平洋军演，这届军演一共有 23 个国家、2.5 万人参加。中国在这一届首次参加，派出了导弹驱逐舰海口舰、导弹护卫舰 575 岳阳舰、综合补给舰千岛湖舰，以及和平方舟号医院船。

日本主要派伊势号航母战斗群参加了这次演习。演习结束之后，中日双方还互派人员到舰上进行了参观。

2014 年，伊势号还参加了代号为"利剑 2015"的军事演习，这次演习主要是在太平洋举行的，日本海上自卫队出动了大隅级登陆舰下北号配合。这是模仿美国的编成模式：一是航母战斗群，主要是夺取战区的制空权、制海权；二是两栖打击群，主要是在夺取制空权、制海权之后进行两栖作战。日本参加这次演习主要就是用伊势号组建一个航母战斗群，再配上一艘大隅级登陆舰下北号，组成一个两栖打击群。这种模式说明美国和日本在这方面的配合——美国教授日本进行两栖登陆的演习。

日本现在有 4 艘航空母舰，包括日向号、伊势号、出云号、加贺号，另外还有 3 艘大型两栖运输舰，包括大隅号、下北号、国东号，这些构成了亚洲最强的海上力量，亚洲还没有哪个国家有 4 艘航空母舰、3 艘两栖运输舰的。

如何评价日向级的建造水平

日向级的整体建造水平可以从以下几点来判断，这几点也是判断航空母舰好坏的主要标准。

第一，一个国家的造船能力，即对舰艇硬件平台的制造能力。日本的造船能力可以说是世界最先进的，这一点从二战时日本能造出那么多战列舰和航母就可以看出来。

第二，电子设备的制造能力。日本制造电子设备的技术水平也是世界一流的。

第三，航空母舰的设计理念。建造航空母舰不能照猫画虎，拿个图纸就能造，还存在一些理念上的问题。比如美国制造航空母舰的理念就是要大，要制造排水量10万吨以上的超级航母，而且要能弹射起飞，包括蒸汽弹射、电磁弹射；英国的理念就不考虑弹射而是滑跃起飞。这就是理念的差别，每个国家都不一样。以法国为例，世界上很多国家都建造排水量6万吨的常规动力航母，它偏要建造4万吨的核动力航母，这是一种军事文化。如果一个国家没有形成自己的军事文化，那建造出的航母就很容易偏向其他国家，用的时候就会很别扭。就像我开惯了自己的车，突然有人送我一辆英国车，而英国车是右舵，我坐到原来副驾驶的位置上开车就容易逆行。

第四，战斗经验的传承，指一个国家有没有使用航空母舰的经验，有没有用航母打过仗，历史上有没有相关的记载。日本航空母舰光被击沉的就有23艘，它的经验教训汲取得非常多。中途岛海战的时候，山口多闻在飞龙号沉没之前代理舰长，把所有的舰员都集中在上甲板，结果甲板倾斜得人都站不住了，他还坚持讲了20多分钟，向天皇道歉没打胜仗，把战旗弄下来烧毁，最后舰长随舰沉没，这些都是日本军队的传承、作战的经验。这些不是仅靠训练、看书能得到的。这方面的内容比较复杂。现在有了网络，大家喜欢在网络上比较武器，认为拥有先进的武器能够打胜仗，其实这是不一定的，如果真是这样，军事上哪还存在什么以劣胜优、以少胜多、以弱胜强的情况呢？

因此，我讲武器的时候，从来不单纯去讲，而是把武器放到历史的格局和脉络里，放到战役、战术里，放到人的使用和思想里。研究军事光看武器的性能是不行的，必须把武器和一些鲜活的东西结合起来，这样才不至于走偏，才能够正确地看待人和武器之间的关系，才能够正确评判一个国家拥有一种武器的目的是什么、水平怎么样，才能准确地判断一种武器能发挥什么样的作用。

日本为什么发展直升机航母？

既然日本的日向号、伊势号、出云号、加贺号航空母舰性能好、造价又不高，每艘才十几亿美元，我们中国为什么不造这样的航母呢？

这是因为我们的昆仑山号、井冈山号等舰艇已经装了十三四吨的直-18（就是超黄蜂直升机），和日本的大隅级舰艇差不多，只不过比大隅级舰艇的携载量要少，也能装坦克、装甲车辆。所以，我们也有类似的舰艇，而且已经服役好几艘了，排水量在1.8万吨左右，主要用于两栖作战和岛屿作战。

另外，我们不发展直升机航母还因为这种航母只能配备一些直升机，我们中国的直升机相对比较小，像直-9直升机只有几吨重，这就会出现一个问题——费劲造一艘只能装十几架小直升机的航母，就是大马拉小车，没什么用。

直升机的作战半径只有 100 多公里，而且执行任务的能力单一——只能反潜没法防空，又装不了武器。反潜只是航母的任务之一，我们需要的是防空、反舰、反潜综合的多功能航母，所以这种单一功能的舰艇不太适合中国。

既然这样，日本为什么发展这种航母？因为日本跟美国是联合作战，战区防空美国可以帮日本解决，日本不需要发展防空力量，只要提升护卫能力就行。所以万一战争爆发，美国负责防空、反舰，日本自己负责反潜就行。日本配了 100 多架 P-3C 巡逻机与这么多舰载直升机，就是为了保障反潜能力。

舰艇开放参观，提升国民教育

网上有很多日本老百姓到日向号、伊势号舰上参观的照片，所以经常有网友问我：航空母舰停泊的港口、码头都是军事禁区，日向号与伊势号也是近年才服役的，属于日本绝密的两艘航空母舰，怎么政府会允许这么多老百姓上去参观？

这是因为日本海上自卫队规定，每周日要例行开放一艘现役的舰船供国民参观。现役的舰艇不管先进不先进，都要开放给老百姓参观，让他们了解日本有什么好的舰艇，增强国民的国防意识，也让纳税人知道他们交的钱有一部分是用在军费开支了。很多国家的舰艇都会对公众开放，美国也是这样，从航空母舰到潜艇都是对公众开放的。

　　我之前在英国学习时发现，英国是把最好的军事装备都放在学校里，他们认为最好的装备应该对院校开放，因为院校的教学不能只停留在理论课上，需要用先进的装备进行教学。

硬 核 知 识

　　曾经有个网友向我提了一个有趣的问题：为什么外国人不允许女士穿裙子、高跟鞋上舰？可能很多人没上过舰艇，也没上过船，不太了解上面的情况。比如在舰艇上进出都要通过指挥台围壳，指挥台围壳空间有限，如果一个人长得很胖，说不定被卡住下不去。下指挥台的时候也有讲究，要快速上下梯子，正式的水手都要经过训练。方法之一是卧着向侧面往下去，把腿往两边一搭滑下去——因为战斗情况下不允许士兵一个台阶一个台阶往下走，所以上下舷梯是有严格规定的，要采用制式的动作。舰艇上也是同样的情况，很多地方非常狭窄，上下需要通过舷梯，如果下层甲板很多人在参观，女士穿着裙子从上甲板下去，就容易走光，所以这个要求是善意的提醒，上舰一定不能穿裙子。那为什么不能穿高跟鞋？因为舰上坑坑洼洼、高高低低的，穿高跟鞋容易扭伤脚或者鞋跟被卡住拔不出来，所以不建议女士穿高跟鞋去参观舰艇。

日本陆上自卫队在富士山有一处演习场，每年都提前放票，民众可以坐在演习现场参观演习，演练用的坦克、装甲车、榴弹炮等都是真枪实弹的，包括伞降、索降，两栖作战的演练，所以也经常有事故发生。美国也经常邀请民众观看军事演习。身临其境地去感觉、亲耳听到炮弹发出的声响和坐在电影院里通过立体声去听特效，完全是两码事。

虽然航空表演等都是实弹射击，存在很大的危险，有时候会出事故，但一些国家还是通过这种方式提升全民的爱国主义、尚武精神。

日本的舰艇开放活动

明治维新以来，日本就开始学习英国，开展阅舰式活动，阅舰式在和平时期隔三差五地进行，战时就不开展了，所以到现在一共只进行了 20 多次。以前的阅舰式是天皇坐在重巡洋舰或战列舰上检阅海军，二战结束以后由天皇检阅改成首相检阅。2015 年，时任日本首相安倍晋三就组织了一次阅舰式，还请印度、美国等国家的舰艇来参加。整体来说，日本这方面的活动比较多。

日本的动画、动漫等二次元产业发达，日本海上自卫队经常会请一些动漫演员身穿水兵服到舰上体验"一日舰长"。日本海上自卫队和陆上自卫队为考虑征召人员或扩大舰艇的对外宣传作用，经常举办这样的活动，通过新媒体、流行音乐、动漫等多元形式扩大和提升了舰艇的声誉。

中国的舰艇开放活动

这样的舰艇开放日，我们国家这些年也逐渐多了。其实我从 20 世纪 80 年代就开始呼吁，1949 年 4 月 23 日中国人民海军成立，每年海军成立日我们都应该在沿海城市，如青岛、旅顺、上海、舟山、厦门、湛江、三亚、汕头等海军基地组织舰艇开放日。内陆地区的民众平常很少有机会看到舰艇，脚踏实地站在我们自己的军舰上看看我们造的舰艇，我个人认为是一种非常好的提升国民爱国主义、尚武精神的方式。

不但在国内可以定期组织舰艇对外开放，中国舰艇到国外也可以这样，让华人华侨、留学生，包括外国人都可以上去参观。

我还曾提过这样的建议：通过政府部门或民间组织等机构，在每年的寒暑假组织一些夏令营或冬令营，主题可以是海军军舰一日游、海军基地参观或者空军基地参观，通过这种方式让青少年看看我们国家先进的战斗机，以进行全民国防教育，尤其是海洋教育。

大家可以想象一下，如果自己能坐着军舰到海上转一转，是不是回想起来觉得特别有纪念意义？

海军与社会的接触问题

在这一章的最后，我们有必要提一提海军和社会的接触问题，日本在这方面其实做得非常好。但在很多国家，包括我们中国，大家对海军还不够了解，因为很多人距离海洋非常远。所以，如何加强民众的海洋观念、海洋意识，解决海军和社会的非接触问题，确实是很值得研究的课题。

事实上，海军是高技术军种、战略性军种——任何一艘舰艇上的每一个人都得在海军舰艇学院培养一两年才能上舰，更不要说军官了。军官至少要大学本科毕业，大部分都是硕士研究生甚至博士研究生，士兵很多也是技术士官，非常有素质，技术水平非常高。

日本在与社会接触这方面就非常注意。日本受宪法限制，把军队叫自卫队，日本海上自卫队的军官和士兵都是采用合同制的，类似我们国内的公务员。日本海上自卫队通过宣传和提高工资待遇在社会上征召人员，伊势号上有很多军官和士兵就是这样来的，等于把日本航空母舰的文化再次进行了传承。

日本是真正可以称得上拥有百年航母历史的国家，100 年航空母舰的发展到伊势号是代代相传的，所以它的航空母舰建造水平、建造技术以及维修能力都已经是炉火纯青，有相当多的作战经验。

技术是可以学的，但文化方面的东西要逐渐磨合，有时候外人是学不来的。日本是个岛国，它的海洋文化体现在方方面面。

第十九章

出云号的野望

出云号这个名字与中国颇有渊源，虽然这艘航母一直不显山不露水，却被评为日本百年来战力最强的航母。

出云号离港

出云号航母服役之后参加的第一个活动是日本海上自卫队在 2015 年
10 月 18 日举行的阅舰式，安倍晋三首相亲自登舰，检阅了海军舰艇。
一些大国海军，尤其是像日本这种有英国范儿、有海洋传承的国家，
都喜欢办阅舰式。2016 年，印度也举行了一场豪华阅舰式。印度曾经
是英国的殖民地，所以传承了英国的海洋文化。这次阅舰式有五六十
个国家、上百艘舰艇参加，规模跟英国的差不多。

出云号成网红舰，与华盛顿号上演"哥俩好"

出云号服役后成了日本军事外交的一个旅游景点，到日本参观
访问的宾客基本上都被邀请登舰参观。2015 年 3 月 25 日出云号刚正
式服役，3 月 31 日印度国防部长帕里卡尔就迫不及待地上舰参观了，
因为印度也打算造一艘像出云号这样的航母，所以对出云号非常感
兴趣。2016 年 1 月，英国外交大臣哈蒙德和国防大臣法伦访问了横
须贺基地，也登上了出云号进行参观。

硬核知识

横须贺港是美国唯一一个海外母港，乔治·华盛顿号（以下简称华盛顿号）这艘 10 万吨的核动力航母就驻在这里。其他航空母舰都驻在美国本土港口。也许大家会有疑问：美国在新加坡不是有一个樟宜基地吗，那个地方不是也可以驻航母吗？樟宜基地可不是母港，和横须贺港相比它只是个深水港，能够实现停靠。虽然它的码头也挺大，实现像干货、液货、水果、罐头、淡水、燃油等补给都不成问题，但修不了船。想要把船拆解进行大修，它做不到。另外，在弹药补给方面，比如导弹、核武器、炮弹、水雷、鱼雷这些补给也不能实现，因为弹药需要专门的洞库存放，新加坡面积太小，放那么多弹药，万一哪天要出点儿意外，后果不堪设想。但是在横须贺港口，这些事情是全部可完成的，它还有干船坞，能帮华盛顿号拆解修理、更换内部机器。

有一件特别有意思的事。2015 年 5 月 18 日，当时驻在横须贺的华盛顿号要出海执行任务，需要两三个月的时间。出云号航空母舰也驻在横须贺港。日本听说华盛顿号要离港出任务，再加上出云号刚服役，就跟美国商量，说能不能秀一下"哥俩好"，让双方海军身着白色军装，在飞行甲板上摆出各种字体，以示亲密。最后，华盛顿号舰上的水兵身着白色军装，摆了日语的"再见"，出云号的水兵在飞行甲板上摆了"谢谢乔治·华盛顿"的英文缩写。

硬 核 知 识

美国航母经常举行队形变化呈现字样的活动，很多都是商业品牌的广告活动。一般是商家向相关部门支付费用后，航拍记录下舰上的造型再发表。利用军舰做广告在美国是很常见的，除此之外，军用的飞艇和飞机也会配合做一些商业广告。航母停泊在港口的时候，还经常会开展一些赛事，奥巴马总统就曾经多次到美国航空母舰上观看美国大学篮球锦标赛。

美国军队不举办唱歌跳舞这些文艺活动，那怎么举办演出呢？一般就是主办方借用航母的场地。但举办一场活动是很复杂的，比如：一场篮球赛有一两千名观众，就得在飞行甲板上布置座位和看台；晚上打球需要灯光；担心球飞出场外掉进海里，还得设网阻拦；如果有总统这样的大人物莅临，还得有麦克风用来发表讲话；安全保卫也不能少……这一系列的环节、设施就由军队之外的公关公司或地方承包商等专业团队来操作，有一套非常成熟的商业化流程。

"出云"出自何方

出云号于 2015 年服役，当时日本电视媒体都被允许登舰参观、拍摄。在服役仪式上，200 多名自卫队舰员穿着海上自卫队的制服排练甲板列队，日本防卫相、出云号舰长中谷元在前面发表讲话，日本的电视台还对这个流程进行了转播。

这艘舰的标准排水量将近 2 万吨，全长 248 米，是这个级别的航母当中最长的——这个级别的舰艇一般长 200 米左右、宽 38 米。总体造价大约为 62 亿元人民币，也就是十几亿美元。

有关出云号还有一些争议：按照日本官方的说法，它是护卫舰，因为它的编制是护卫队群（日本共有 4 个护卫队群）；但是在舰型上它又被列为 DDH，即直升机驱逐舰；其他国家又把它称为航母。这样口径不一，让人觉得有些糊涂。日本电视台在报道的时候，说它是"跟航母一样的一艘大舰，大小相当于 35 个网球场"，也不把它叫作航母。

前面我们讲过，日本根据预算编列年度为舰艇编制舷号，根据这个规则，出云号叫作 22DDH，日向号叫作 16DDH。22DDH 表示出云号是平成 22 年（2010 年）的预算编列，是这一年拨款建造的舰艇。后续舰（二号舰）加贺号是平成 24 年拨款，然后工厂按计划开工，所以就是 24DDH。

日本舰艇的命名一直都是在下水当天才公布的。出云号下水日为 2013 年 8 月 6 日，但由于此前日本海上幕僚监部公文作业流失，媒体如获至宝地在 7 月 17 日将出云号的名字提前披露出来——出云号，舷号 DDH183。

出云号原来打算沿用前海军战列舰的名称——长门号，但长门是时任首相安倍晋三的故乡（山口县的旧名），为避免让人联想到日本右翼，所以选择将这艘舰命名为"出云号"。

硬 核 知 识

网上流传着一些关于我国正在研制的新型飞机舰艇和现役海军舰艇的名称，比如"黑丝带""旅大级""江湖级"之类的，这些都是西方国家取的名字。比如"旅大级"，是西方国家第一次发现中国有一艘新级别的 051 型驱逐舰，而且是由大连造船厂建造、停泊在旅顺港，因而命名为"旅大级"。我们的舰艇一般不用西方取的"外号"，有自己的名字，比如"哈尔滨号"。我们的很多护卫舰都是按照各个地级市的名字命名的。如果读者朋友们看到有文章中使用了"旅大级""江湖级"这些名称，那么作者很可能是一位军迷，专业人士不会使用这些名称。

另外，有网友会给武器取一些有趣的昵称，比如"黑丝带"（意为"黑色的第四代战斗机"），这并不是正式的名称。此外，还有一些名称翻译的问题，比如说印度的一艘航空母舰，音译名为"维克拉马蒂亚号"，意译又叫"超日王号"，而它的原名又叫"戈尔什科夫号"，一艘航空母舰就有三个名字。我在 20 世纪七八十年代曾经做过一项工作——整理武器装备的命名手册，对武器装备的名称进行规范，所以对这方面的问题比较敏感。虽然现在大家不再做这种规范了，但还是希望媒体和读者朋友们能够使用官方正式的武器装备名称，这样无论是对大众进行科普还是对自我知识的拓展都是有益的。

出云号的编制变化

出云号是日本二战后继日向号、伊势号的第三艘航空母舰。它服役之后成为第一护卫群的旗舰，第一护卫群原来的旗舰日向号成为第三护卫群的旗舰，第三护卫群的原旗舰白根号则退役了。日本的四个护卫队群可以理解成四个海上机动舰队，每一个舰队都有一艘航母做旗舰。

硬 核 知 识

海上护卫舰队等级相当于二战中南云忠一率领的舰队，比南云忠一率领的舰队更大的是联合舰队。日本现在没有联合舰队，有一个叫海上幕僚监部的部门。

出云号的技术特点

出云号和日向号相比，在设计特点上有一些变化。

第一，出云号的长度更长。就像我们描述一个人通常会先说他的身高一样，描述舰体也是先说长度，出云号长 248 米，比日向号长51 米。一般来说，舰艇的长度超过 200 米就非常厉害了，起降 F-35飞机没有太大问题。出云号的宽度为 38 米，也超出普通航母。飞行甲板的长度和宽度决定了一艘航母的面积，所以出云号的甲板面积也很可观。

硬 核 知 识

也许有人会问，出云号长248米、宽38米，满载排水量2.7万吨，不是跟苍龙号、飞龙号差不多吗？但实际上，出云号比第二次世界大战中的赤城号、加贺号、苍龙号、飞龙号、翔鹤号、瑞鹤号、大凤号、信浓号等航母的作战能力都强。大家或许认为它不可能比排水量4万多吨的大凤号、赤城号、加贺号，甚至比排水量7万多吨的信浓号还强。原因其实我在前面已经提过了。以信浓号为例，虽说排水量有7万多吨，但它的船体有一米多厚的装甲，这部分材料占了很大的重量，不像现在的航母都是"薄皮大馅"，没有装甲。装甲厚、吨位大就需要更多动力，所以现在新设计的航母都不再考虑装甲。

第二，出云号的满载排水量更大，其标准排水量为1.95万吨，而日向号是1.395万吨。

第三，出云号能够携载14架直升机，比日向号携载的11架要多；有5个直升机起降点，也比日向号的4个起降点多。

动力方面，出云号和日向号用的都是石川岛播磨重工生产的LM2500燃气轮机，这是日本引进通用电气的技术转让权后获得许可证生产的，跟我们的 052 型驱逐舰哈尔滨号上的动力是一样的。这种动力的加速性非常好，能够确保舰艇的航速在 30 节以上。这里要特别提到的一点是：日本能够自己引进生产美国燃气轮机是值得佩服的，因为美国一般不允许外国生产它的产品。除了燃气轮机，F-35 战斗机也是日本初期从美国引进几十架后，后期都自己生产的。

放眼国际，早期英国皇家海军的无敌级航母长 190 米、排水量 2 万吨，意大利的加里波第号排水量不到 1.4 万吨，西班牙的阿斯图里亚斯亲王号排水量 1.7 万吨，比起这些小航母，出云号就显得出类拔萃、鹤立鸡群了。

日本航母发展史上最先进的航空母舰

那怎么样样理解出云号是日本航空母舰发展 100 年来最先进的一艘航空母舰呢?

出云号的舰载机有 MV-22 "鱼鹰" 折翼机，因为 "鱼鹰" 机翼折叠之后放在舰上，不管是升降机（运输）还是舰上起降都不成问题。14 架舰载直升机是 SH-60K "海鹰" 反舰直升机，是日本海上自卫队广泛装备的直升机类型，主要用来反潜。但携载 F-35B 垂直短距起降飞机有一个不确定性。这种飞机上舰的话，舷侧升降机尺寸、甲板重量、机库都不成问题，唯一需要考虑的就是飞行甲板耐飞机尾焰烧灼的能力，因为飞机垂直起飞的时候，发动机喷管的两个喷口（类似于汽车尾喷口）是向下弯曲的，直接对着飞行甲板喷火，而且得到一定程度才能够起飞，这就要求甲板具有很强的耐烧能力，不然要被烧化的。提高耐烧能力需要采用特殊材料，这是个重大的技术问题。

再来看看武器方面的情况。出云号的预算只能比日向号高11%，有十几亿美元，但是它的排水量却比日向号增加了40%，这样一来出云号只能简化、降低成本，只负责核心的航母任务，减少无关的武器装备，而且航母有护航的驱逐舰，所以把MK.41垂直发射系统、鱼雷等装备都拆了，设置了4个相控阵雷达，用密集阵^①和"拉姆"导弹^②加强近程防御能力。

出云号的作用

出云号给日本的海上作战能力带来多大提升，要看日本怎么用。出云号是按照反潜作战舰艇来设计的，所以舰上主要搭载反潜直升机，配上"鱼鹰"可以和"西普联"^③进行陆上作战，具备反潜作战和两栖作战能力。那么出云号将来会不会制空作战，就是在自己夺取制空权、制海权的情况下再进行反潜作战和对地攻击作战？实际上，它没这么大本事，舰上没有MK.41垂直发射导弹系统和反舰导弹就没有制空能力。出云号只能做两件事，要么反潜，要么运输登陆

---

① 密集阵全称为CIWS"密集阵"近防武器系统，是一种近距离舰载防空、反导武器，使用一门机关炮拦截来袭的飞机和导弹。
② "拉姆"导弹是一种近防武器系统，利用一枚小型导弹拦截来袭的飞机和导弹，一般与"密集阵"配合使用。
③ "西普联"指的是日本陆上自卫队西部方面普通科联队，是一支精锐部队，主要用于两栖登陆作战。

兵，还不能同时完成。出云号服役之后又改成了指挥舰，改进指挥功能后不仅能指挥日本的海上自卫队和陆上自卫队，还跟美国的指挥系统兼容。这样如果真打起仗来，美国航母战斗群会给它提供制空权、制海权。

出云号对日本海军战力最大的提升就是使四个海上机动编队都有自己的航空母舰做旗舰，海军的反潜能力也提升了好几倍，原来最多装 3 架直升机，现在能装十几架。另外，它还能进行两栖攻击，这是以前不具备的能力，以前的直升机驱逐舰能携载直升机就不错了，而现在能携载"鱼鹰"了，将来如果能携载 F-35 战斗机就更厉害了。

钓鱼岛争端的真相

我们分析问题要从技术出发，不能过分夸大对方的威胁。有人说出云号服役之后，它的作战方向是不是针对钓鱼岛？日本现在在建设一个水陆机动团和一个空艇团，这两支部队的建设主要是针对钓鱼岛两栖作战的，针对钓鱼岛两栖作战兵力的投送平台肯定会是出云号、日向号，这是毫无疑问的。目前我们看到的一个作战模式，就是日本发展日向号、伊势号、出云号、加贺号等航空母舰，把水陆机动团"西普联"扩展成海上陆战队，发展空艇团等一系列举动，好像都是为了钓鱼岛。其实这是个圈套，是个假象。

一直以来，日本靠着各种"威胁论"发展航母等武装力量，开始用"朝鲜威胁论"，从 20 世纪 80 年代中国造辽宁舰开始，日本转而宣扬"中国威胁论",2012 年 9 月,石原慎太郎还人为制造"购岛"闹剧。

那么,日本的计划是什么?我想大概有以下三点。

第一,它发展种种军事力量并不是打算在自己的周边作战,而是想在南海"折腾"。2015 年,新安保法案通过之后,它的苍龙级潜艇会驻在菲律宾的苏比克湾,依托菲律宾对整个南海进行覆盖,这是它的第一步棋。

第二,控制第一岛链及其延长线,这条线一直延伸到印度洋,这一步是和第一步棋相联系的。它跟印度、美国在孟加拉湾举行美日印马拉巴尔演习就是为了这一步做准备。它为什么选择这条线?因为这条延伸到印度洋的西南航线是从波斯湾向日本运输石油的一个重要通道。此外,它还想控制东南方向上的印度洋–帝汶海–巽他海峡–印度尼西亚这一条航线。这是它的第二步棋。

第三,解禁集体自卫权之后,它想先发制人,主动出手,把自己的作战能力从北纬 20 度扩展到巴士海峡再到全球,这是它的第三步棋。

这基本上是日本的战略思路,也是它发展航空母舰的真正原因。它想让 4 艘航空母舰将来在整个太平洋、印度洋,甚至全世界游弋,进行全球作战。所以,针对钓鱼岛的说法只是日本发展航空母舰的幌子,钓鱼岛那么小,日本不会甘心把航母的作战能力局限在这里。而且钓鱼岛距离中国大陆只有 300 多公里,中国沿海的飞机导弹全够得着,日本是不可能把兵力安排在这个地方的。

所以有些事情,我们不要听日本的一面之词,而是要从战略高度去分析这些问题。

关于日本航母，
我们不得不知的那些事儿

日本曾放言，如果放开限制，它将包揽全世界 60% 的军舰订单。没有一家国有军工企业的日本，何来底气放出这样的豪言壮语？日本的一个师只有二三十个军人，而且一年只训练几次，这样的军队如何保持强大的战斗力？重重限制之下的日本，究竟是如何寓兵于民，又如何藏军工于民用的呢？

背景知识

在这本书的最后，我将拾遗补缺，为大家补充一些与航母相关的细节知识，比如加贺号的情况，日本八八舰队、九十舰队、十十舰队的发展与它们的作战序列，以及日本在军民结合、军转民方面的实践。尤其现在我国也提倡军民融合，可以看看日本的做法有没有可借鉴之处。

日本的舰队编制

日本每年 3 月就开始热闹起来，很多重要的舰艇都选择在 3 月服役：2009 年 3 月，日向号服役；2011 年 3 月，伊势号服役；2015 年 3 月，出云号服役；2017 年 3 月，加贺号服役。这可能是日本的一种迷信，认为樱花盛开的季节春暖花开，是个好时节。所以，日本最新的 4 艘航空母舰都是在 3 月服役的。

日本在决定建造航空母舰时，一般会提前对外公布预算拨款情况和承建造船厂的开工建造情况，再举办开工仪式，并让电视台进行直播，确定这艘航母的下水日期，下水时再确定航母服役日期。在这些日期的确定上，日本真的很厉害，基本都能"说到做到"，没有发生过因故推迟或者取消的情况。美国建造航母也是和日本一样的惯例。但是从近来美国几个主要项目的完成情况来看，显得有点"力不从心"，比如：原先计划建造 35 艘 DDG1000，结果只完成了 3 艘；福特号航母的交付不断推迟；F-35 战斗机又总出问题。这主要是因为美国"眼大肚子小"，总想把好东西都放到新装备上。但是现在的电子设备基本上 18 个月就可以更新一代，这么快的更新速度，航母的建造哪跟得上？

出云级二号舰 24DDH 被命名为加贺号，于 2015 年下水，从建造到下水用了 1 年 10 个月的时间，2017 年正式服役。加贺号服役之后，日本会不会再造航空母舰，现在还是个悬念。如果中国能够建造至少 4 艘排水量 6.5 万吨的航母，那么日本建造 4 万吨以上航母的可能性非常大。

出云号（上）与加贺号（下）

下面，我们来说一下日本海上自卫队的编制。

我们对日本海上自卫队有些编制的说法比较陌生，比如甲午战争之后日本开始编的六六舰队模式，这种模式一直延续了下来。20 世纪70年代，日本发展了八八舰队，就是8艘驱逐舰各携载一架直升机，这种由8艘驱逐舰加8架直升机组成的舰队被叫作八八舰队。当时中国的水面战斗舰艇（驱逐舰）还携载不了直升机，而日本的舰艇有些已经能够携载2架或者3架直升机了，非常了不得。

20世纪90年代，金刚级、爱宕级舰艇服役之后，日本能携载舰载直升机的舰艇的数量变多了，从8艘驱逐舰增加到了9艘驱逐舰，编队当中的直升机数量也增加到了10架，这种配备的舰队又叫九十舰队。

进入21世纪，2009年日向号服役后，日本的第一护卫队群发生了一些改变，第一护卫队群也叫日向号航母战斗群，由9艘舰艇组成：1艘排水量2万吨的航母旗舰（即日向号），2艘排水量1万吨的金刚级宙斯盾导弹驱逐舰，6艘排水量0.6万吨左右的驱逐舰。原来的九十舰队由9艘驱逐舰加10架直升机组成，现在虽然也是9艘舰艇，但是多了日向号航空母舰。日向号正常能携载15架直升机（甲板上4架，机库里11架），再加上驱逐舰携载的10架直升机，共有25架，所以按照日本给舰队起名的习惯，我把这支由9艘舰艇加25架直升机组成的舰队叫作九二五舰队。

2015年出云号服役，改变了日本海上机动舰队的整体兵力结构。出云号航母战斗群也由9艘舰艇组成——1艘排水量2.75万吨的出云号航母，2艘宙斯盾导弹驱逐舰，6艘排水量0.6万吨的驱逐舰，和九二五舰队的配置很接近。但出云号能携载16架CH-47大型运输机，如果是用于携载反潜的小型海鹰直升机，能够携载20架，再加上驱逐舰上的10架直升机，一共有30架直升机，这样就成了9艘舰艇加30架直升机的标准配备，我把它叫作九三零舰队。

如果出云号航母战斗群要向岛屿输送日本海军陆战队，作为替代方案可能不上直升机了，改装 6 架 MV-22 "鱼鹰"。如果用来制空、制海，那么直升机和 "鱼鹰" 都不上了，要改上 10 架 F-35B 战斗机。这是出云号航母战斗群的舰队编制情况。

关于 F-35B 战斗机，日本买了 42 架飞机的许可证生产（资格），这是类似特许经营的一种形式——从美国买来图纸，自己生产或被特许进行生产。日本自己生产的 F-35B 战斗机将来会不会上舰，是一个值得研究的问题，我个人预估上出云号和加贺号没问题，但是上日向号和伊势号是有问题的，这还有待观察，这是日本舰队编制的问题。

日本舰艇的建造

下面，我们介绍一下日本舰艇的建造情况和军民融合方面的一些架构。

日本的日向号、伊势号、出云号、加贺号 4 艘航空母舰都是同一家公司生产的，这家公司原来叫石川岛播磨重工，是一家历史非常悠久的造船厂，从幕府后期至明治初期开始建造船舶，现在归属于日本海事联合公司（JMU）横滨市矶子船厂，是一家民营船舶公司，它的船舶建造吨位达到 346 万吨，位居日本第二、世界第八。这家公司在 2013 年和另外一家公司合并成立了一个大的总公司。这里大家要清楚，这样一家私营的造船厂造了 4 艘航空母舰，还能够生产航空发动机、舰用燃气轮机，从舰体到动力都能自己生产，非常了不起。

美国的洛克希德·马丁、波音也都是私营企业。这就是一种军民结合的模式，也是我们接下来要讲的主题。

日本的军转民其实是从二战时期开始的。二战中日本的伊–400号潜水航母，赤城号、加贺号、苍龙号、飞龙号、信浓号、大凤号等航空母舰，大和号、武藏号战列舰，以及零式战机，都是私营企业承建的。但是1945年日本战败后，美国解除了日本的军工厂，不让它们继续具备生产能力，日本企业被强制"军转民"。

当时为推进日本军工企业"军转民"，美国采取了几个措施。

第一，美国B–29、B–25等大型战略轰炸机于1945年对日本民营军工厂进行了狂轰滥炸，大部分军工厂被夷为平地。

第二，麦克阿瑟带兵进入日本之后强制拆除了一些兵工厂，比如5万多台机床被拆了，当时兵工厂里还有一些设备、机器，都折算为物资赔给战胜国，还有一些舰艇也赔给了战胜国，整个旧日本帝国的海军都解散了。其余的兵工厂处于残缺不全的状态，被迫转成民用了。1950年朝鲜战争爆发以后，美国感觉远水解不了近渴，虽然把士兵运到了日本，但是有些弹药的生产，以及其他军需品还是需要日本来提供，所以出资让日本建厂生产这些物品，以便在朝鲜战场使用。因此，美国当时就解除了日本军工生产的禁令，于是日本又启动了它的军工机器，这就相当于"民转军"——很多已经转民用的企业开始生产美国的军需品，支援朝鲜战争中美国的需求。也是从这个时候开始，美日达成了军事同盟关系。

20世纪70年代，中美、中日关系开始缓和。美国和日本在冷战时期最主要的对手是苏联，这段时间美国重点发展核武器、导弹，与苏联搞军备竞赛。在美国与苏联搞军备竞赛的时候，作为战败国的日本没有军队也不允许生产军工，于是它就采取"搭便车"的战略，夹缝中求生存，生产家电、汽车、机械、纺织品、化妆品等。大家可以回忆一下，20 世纪七八十年代，很多人出国带回来的家电产品，是不是都是日本的？比如松下、索尼、夏普的四个喇叭收音机、彩电、冰箱、洗衣机等。日本因为战败，不能研发核武器，也不能建造航空母舰和驱逐舰，把钱都投入民用，所以那时是日本轻工业的辉煌时期。

20 世纪 90 年代以后，日本从国际局势中看到了机会。

一是中美关系再走向紧张。中美关系紧张，意味着中日关系也跟着降温。2010 年以后，中国国内生产总值超过日本，中国成为世界第二大经济体。

二是朝鲜半岛局势紧张，给日本提供了更多借口发展自己的武器装备。

基于上述两点，日本的军工业又开始加速发展。

瑞典斯德哥尔摩国际和平研究所每年会出版一个手册，公布世界武器销售额 100 强榜单。虽然日本没有一家官方或者政府管理的军工企业，但是在世界武器销售榜 100 强中日本企业占 4 家。这 4 家分别为：三菱重工、三菱电机、川崎重工、NEC（日本电气股份有限公司）。其中，三菱电机以前生产战斗机，零式战机就是它生产的；川崎重工是造船厂，建造驱逐舰、护卫舰。

硬 核 知 识

日本的军工业年产值将近 2 万亿日元，其中军用飞机占 23%，占将近四分之一，武器弹药占 20%，通信设备占 19%，军用舰船占 10%。前面讲航母预备舰时讲过日本的"平战结合"政策，即政府对造船厂进行投资，和平时期船只归企业使用，战时政府征用。二战期间，很多造船厂与日本政府签了合同，没想到最后所有签了合同的船只全部被征用了，还被改装成航母。所以说，日本是有军民结合、寓军于民传统的。

　　根据斯德哥尔摩国际和平研究所的统计，现在日本有 1300 家企业从事坦克和其他武器的制造，有 1100 多家企业跟 F–15 战斗机的生产相关——因为任何一种武器装备的生产都涉及上千家甚至几千家企业，比如爱国者导弹的生产涉及 1200 家企业，宙斯盾导弹驱逐舰的建造涉及将近 2200 家企业。所以，日本很多企业看着是生产民用产品的，其实内部有几个部门是专门生产军工配套设备的。

　　美国也一样。以摩托罗拉公司为例，20 世纪 80 年代我在该公司待了将近一个月，这是一家通信公司，也是知名手机摩托罗拉的生产商。它的安检非常严格，工人出门都要接受安检，而且出入都要按限定的路线行走。有时候，我想去看看其他车间，后面马上会有几个人跟着。后来，我才打听到有的车间是生产反辐射导弹 ① 的。所以，摩托罗拉看似是一家通信公司，但实际上它与军工是有联系的。日本就更不用说了，很多企业看上去是民营企业，其实日本生产的

———————————————

① 反辐射导弹是飞机发射的一种导弹，与电子相关，直接用于打击雷达。

　　　　　　　　　　　　　　　　　航母档案·日本卷

战斗机、坦克、导弹、驱逐舰都出自这些企业。

日本的自卫队是如何组织的?

日本的军队不叫军队，叫自卫队，一共有大约 25 万人，都是精兵。日本军队的编制很有意思，每一个人必须直接和战斗力相关。现在是和平时期，自卫队不打仗，如果一个人干的工作与打仗、战斗力没有直接关系，自卫队绝不会养这个人。日本军队一共才 20 多万人，编制也少，那它编制的基础是什么呢? 就是每一个岗位都要落实到实处。假如一艘舰艇需要 220 人，而实际配备了 221 个人，日本就会觉得多一个人是浪费，所以尽量发展机器人、自动化、智能化。虽然日本兵力特别少，潜艇现阶段只有十来艘，增加军费买飞机也不过 10 架，但是它技术先进，我们不能轻视。

日本善于把战争的潜力隐藏在国民经济当中，军民融合发展，我们在这方面远远没有做到日本这样。日本把常备军人员精简到极致，以降低人力成本，它的思维是不打仗不养兵。和平时期，它的一个师，从师长、团长、营长、连长、排长到副营长、副连长、副排长、参谋长等这些职务都有，但加起来不过二三十人。那它其余的兵力呢? 其余的兵力一年就训练几次，其他时间都是私营公司的员工，都在创造经济价值。万一战争爆发了，它有一系列成熟的战争动员法，24 小时内就可以拉出 1 万人，就能组织起来一个师的兵力，"架子师"可以转成实体作战师，武器、炮弹、军车也能马上建制起来。这就是日本基本的军民融合发展方式。

日本的战争潜力

　　我之前专门研究过各个大国的舰艇结构，包括美国和苏联。一般来说，一个国家的武器结构都是呈金字塔形的。什么叫金字塔形？举个例子，一种武器装备服役时间在 20 年到 50 年，比如飞机、军舰、坦克、装甲车，就是金字塔的底。一般情况下，这种武器装备占比在百分之四五十，中国、美国、苏联都是这样的，这些老旧装备我把它们称为"占一大坨子"；再进阶一点的，是服役期十年到二十多年的，这种比较厉害的装备就是中坚力量，占比在百分之二三十；还有一种服役期只有七八年甚至三五年的，这就是金字塔尖了。我研究的时候苏联还没有解体，那时苏联和美国的金字塔尖武器占比在 5% 左右，比如美国的 F-35 战斗机、F-22 战斗机、DDG1000 驱逐舰、福特号航母等武器装备。现在这些国家的武器基本上也是这种金字塔结构，越往金字塔尖越少，尖端武器占 5% 左右。

　　但日本不一样，它的武器装备以金字塔尖和中坚力量为主。说到舰龄，我们要注意，日本的舰艇服役时间不会超过 20 年，一般十几年就退役了。再看看美国，美国 B-52 战略轰炸机和我同龄，都服役 60 多年了，我都退休了，B-52 战略轰炸机还在服役。美国还打算改造 B-52 战略轰炸机，让它再服役 30 年，如果真的再服役 30 年，那这款飞机就服役 90 多年了。按照服役条令，这个型号的飞机服役 20 年就该退役，为什么它会服役这么长时间？因为缺少经费，不得不延长它的服役期。反观日本，它的舰艇服役 8 年、10 年基本就退役了，很少有服役超过 20 年的舰艇。这么年轻的舰艇退役后干什么？封存。日本把退役的舰艇都封存起来，封存了一大批这样的武器，一旦战争爆发就可以启封重新使用，这就叫战争潜力。

日本没有国有企业，也没有专门的军工企业，所以武器装备的研制全都是委托民营企业，但这些民营企业都属于高科技领域，不仅在日本是高科技领域，在世界范围内也都是顶尖的，有的甚至比美国的还高端。比如：日本的微电子技术肯定比美国厉害；造房子用的钢铁，日本生产的都是高标号、高质量的工艺钢；日本的汽车、化工、造船、机械等行业也都非常厉害；科研能力也是世界一流的。它的高精尖产业，比如半导体、计算机、雷达、激光等新材料产业，更不容小觑。

硬 核 知 识

说起新材料，波音787飞机全部采用的复合材料，就连厕所里面的马桶用的都是复合材料。假设采用复合材料的马桶只有10公斤，而原来的马桶有100公斤，这节省出来的90公斤就可以多载一个人，这叫有效载荷。现在的复合材料不仅比原来的更轻，也更结实。日本的设备跟美国配套，在这些方面非常先进。

日本还有一个精明之处，虽然它的军用武器装备需求量很小，不像其他国家一样整天研制新装备或者生产装备，但是它研制高科技，比如上面提到的新材料。这些高科技研制出来以后卖给其他国家，比如美国，而日本自己则做分系统，给美国整合。日本有了这些技术后，它自己整合很难吗？当然不难。

日本有一些装备是引进许可证生产的。比如 F-35 战斗机，假设日本先买 20 架成套的 F-35 战斗机，后面就可能拿到图纸自己生产了，或者拿到零配件自己组装，这样就把它四代机的整个生产线带动起来了。再比如"标准"系列导弹，也是美国直接卖给日本或直接许可日本生产。而其他国家就不能这么做，这主要是由于二战后美国与日本的特殊关系。

按照日本在制造业方面的技术与竞争能力，如果日本的武器装备出口被允许，日本会有多大的生产能力？日本一家研究机构的测算结果是，日本将拥有世界舰艇市场 60% 的份额，军用电子市场 40% 的份额，军用车辆 46% 的份额。至于航天发射、卫星等航天市场，一旦需要，日本 3~6 个月就能生产出原子弹和氢弹，一年内能生产 1000~2000 枚中程导弹或远程导弹，这就是日本的生产潜力！但现在日本宪法禁止它出口武器，可它也在放开武器出口市场，比如向菲律宾出口快艇，向越南出口 PS-2 水上飞机，向印度出口水上飞机。

日本在造船方面的能力毋庸置疑。从 1956 年开始，日本一直是世界第一造船大国，也就是近几年先被韩国超过，又被中国超过。在世界造船厂排名前 10 的企业里，中国只有一家，而日本却有 6 家。日本能建造 10 万总吨位以上的大型船舶的造船厂就有 10 家，像三菱重工、川崎重工、三井造船、石川岛播磨重工等，这些企业都非常厉害。